普通高等教育"十一五"国家级规划教材

DSP 控制器原理及应用
(第三版)
——微控制器的软件和硬件

宁改娣　张　虹　著

科学出版社
北　京

内 容 简 介

本书首先脱离具体型号介绍微处理器硬件和软件的共性概念，授人以鱼不如授人以渔；然后以 8051、TMS320F28335、MSP430、MSP432 举例展开共性概念，并结合数字化出版技术，设计了大量二维码辅助实验教学的资源。实验室可以配置任何型号的微控制器，控制器开发的软硬件具体内容可以采用翻转课堂教学模式，选拔部分学生在课外根据课堂介绍的方法查找对应器件手册，熟悉所用硬件平台并进行实验，然后由学生在课堂上进行讲解、演示和讨论。

微控制器类课程的学习目的是"用"，希望本书能够给学生一套用好微控制器的通用方法，并通过某一微处理器的使用，训练学生的软硬件设计能力及调试基本功。

本书可以作为"数字电子技术与微处理器基础""单片机原理""DSP技术及其应用"等课程的教材，适合高等学校电类各专业、机械制造及其自动化等专业的学生使用，也可供数字系统设计工程师和技术人员参考。

图书在版编目（CIP）数据

DSP 控制器原理及应用：微控制器的软件和硬件/宁改娣，张虹著.
—3 版. —北京：科学出版社，2018.3
普通高等教育"十一五"国家级规划教材
ISBN 978-7-03-056817-5

Ⅰ. ①D… Ⅱ. ①宁… ②张… Ⅲ. ①数字信号处理-高等学校-教材 Ⅳ. ①TN911.72

中国版本图书馆 CIP 数据核字(2018)第 048350 号

责任编辑：余 江 张丽花 / 责任校对：郭瑞芝
责任印制：张 伟 / 封面设计：迷底书装

科学出版社 出版
北京东黄城根北街 16 号
邮政编码：100717
http://www.sciencep.com
北京中科印刷有限公司 印刷

科学出版社发行 各地新华书店经销
＊
2002 年 11 月第 一 版 开本：787×1092 1/16
2009 年 3 月第 二 版 印张：8 3/4
2018 年 3 月第 三 版 字数：213 000
2021 年 1 月第十五次印刷
定价：39.80元
（如有印装质量问题，我社负责调换）

前　言

"DSP 技术及其应用"课程是 20 世纪末各个高校相继开设的介绍数字信号处理器件和应用的一门课程。本书第一版以 TMS320C24x 为模型介绍微控制器结构、指令系统及应用等，于 2002 年 11 月出版。第二版总结了微处理器的结构框架并以 TMS320C28x 为模型介绍微控制器及应用，于 2009 年 3 月出版，并列入普通高等教育"十一五"国家级规划教材。近几年微控制器更新换代的速度很快，导致教师无法以传统教学模式的某一型号微控制器为模型进行教学和出版教材。作者结合其他微处理器课程教学以及多年的微控制器课程教学改革试点经验，以"用"为课程教学目的，总结了微控制器软件和硬件的共性概念，出版第三版，期望本书能够成为微控制器类课程的通用教材并具有相对长的生命力。

自 20 世纪 70 年代起，每出现一种新型处理器，各个高校为了缩短学生应用新处理器的时间，一般会很快开设一门新课程。但是开课都喜新并不厌旧，从而使教学计划中存在一系列的处理器课程。作者也是自 20 世纪 80 年代后期，一路追随着摩尔定律的发展开设和更新了几门相关课程，并长期从事这些课程的教学和实验指导工作，深刻体会到从事微控制器课程教学的艰辛。教师需要不断跟进技术发展，更新教学内容、实验内容和教材。图 1 所示是西安交通大学电气工程学院 2010 年培养方案中与微处理器相关 4 门课程的学时数(理论+实验)、开课学期、选修或必修、学分等情况，例如，"单片计算机原理及应用"课程，上课学时 32，实验学时 4，第 6 学期上课，为选修课程，2 学分。课程对应的主要内容见图左边，由图 1 可见，"单片计算机原理及应用"与"DSP 技术及其应用"课程的很多内容是类似的，但在"DSP 技术及其应用"课程的教学中，发现学生并没有很好地用到所学的微机原理和

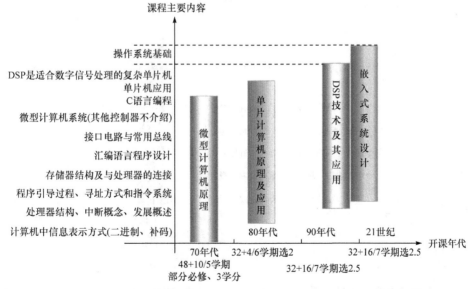

图 1　电气工程学院 2010 年培养方案中与微处理器相关课程(不包括集中实践课程)

单片机知识。作者回顾总结这些课程，发现确实存在一系列的问题，例如，占学时和学分多、低层次重复、课程衔接不当、应用训练少、师资及实验资源浪费、普遍针对某芯片、规律性基本概念几乎没有，导致学习了一系列微处理器课程后，多数学生不清楚哪些内容是微处理器软硬件设计需要掌握的基本功。而且，由于学时有限，所有微处理器课程都改为选修或部分必修课程，使得个别电类专业的学生可能一门处理器课程都没有学习过，后续学习以处理器为核心的集中实践必修课程——"电子系统设计与实践"时，部分学生就没有任何微处理器知识。

学生对试点教学
方法的学习体会

针对这种情况，我们在学校研究生公共课——"DSP 技术及其应用"中进行了教学改革试点，提炼介绍微处理器软硬件的共性概念。微处理器厂家和型号繁多，如何提炼微处理器软件和硬件开发过程中不同厂家、不同系列和不同型号共性的基本概念以及开发方法等，需要相当大的工作量。我们结合以往的教学经验进行了多年的教学试点，取得了好的教学效果以及学生的认可。

课程的主要课堂教学内容如图 2 所示，由教师在课堂中介绍微处理器普遍性或者软硬件共性的概念，然后学生根据这些共性概念，自由选择本书第 4~7 章或实验室提供的任一型号的微控制器实验平台，在课外查阅具体使用的微控制器手册、熟悉实验平台、设计实验、软硬件运行调试、课堂讲解和演示甚至参与竞赛活动等，采用这种翻转课堂教学模式，将课堂变成老师与学生之间和学生与学生之间互动的场所，经过多年的教学尝试，并不断听取学生的反馈意见和建议，不断地总结与改进，激发了学生动手实验的兴趣，也取得了好的教学效果。对于不断推出的新型处理器以及处理器最新的开发方法，可以在课程最后以讲座形式介绍给学生，让学生能够及时了解新事物并第一时间应用新技术。这不仅有助于解决高校培养计划学时学分越来越少的情况，还可以有效地克服上述种种问题。更重要的是，可以使学生更好地掌握处理器的最通用的开发方法，面对后续不断涌现的新型处理器就清楚如何开发其软硬件。

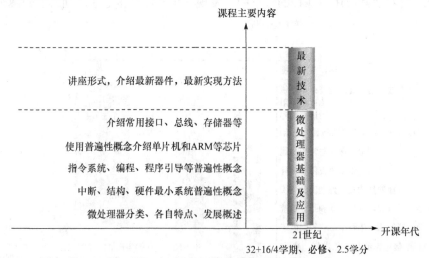

图 2 微处理器类课程教学改革方案

微处理器类课程的基础是"数字电子技术"，两门课程内容有紧密联系。作者分别在 2001

年和 2015 年发表了关于"数字电子技术"和"微处理器类"课程整合的教学改革论文(见本书参考文献),得到同行和出版社的认可,这也是课程发展的趋势。近几年已有几所高校合并了课程,西安交通大学电气工程学院的 2015 年培养方案也推动了课程整合的进程,开设了一门"数字电子技术与微处理器基础"必修新课程。该课程可以从微处理器硬件系统的角度出发介绍数字逻辑的各部分内容,有效地解决之前的"数字电子技术"课程内容零散以及与微处理器类课程内容和课程衔接之间存在的一些问题,减少了总学时数。新课程第 4 学期上课,理论课 72 学时,实验 24 学时,配合后续 80 学时的"电子系统设计与实践"必修课程,可以使学生更好地掌握微控制器的开发应用。

微控制器的教学目的是"用"好 MCU。因此,近 10 年来,在"DSP 技术及其应用"课程中,我们对考核方式也进行了大胆改革,逐步取消了笔试,课程成绩主要由实验的各环节确定,课程一开始就告知每个学生课程成绩的评定细则。实验采取口袋实验开放形式,实验内容由学生自己设计。成绩主要由学生设计的实验内容难易程度、实验深度或综合性、实验视频、实验报告的规范性和论述清晰性、实验中遇到问题的多少及解决方法、翻转课堂 PPT 的准备和讲解效果、课堂表现、经验分享等内容确定。发现实验内容或实验报告有照抄行为的,所有违规学生平分取得的百分制成绩,对实验设计和实验报告原创人员也不例外,经过多年试点,同届甚至与往届学生的实验内容基本没有发现复制行为。对于本科生,如果有课内规定实验内容,成绩中还必须考虑实验预习情况,最后一次课内实验也可以是学生课外设计实验的考试验收。这种考核方式虽然会花费老师很大精力和大量时间,也做不到像笔试那样细化分数,但这种考核方式的指挥棒,可以让学生真正做到重视实践环节,提高分析问题和解决问题的能力。

第三版教材就是在上述教学改革思路下,经过多年与课程组老师的不断讨论,与学生共同进行教学和实验试点、不断改进和修订而成的。第 1~3 章总结不同微控制器的 CPU 基本概念、微控制器的硬件框架、软件编程、集成开发环境等共性内容,强化微控制器的中断、堆栈、程序引导、硬件最小系统等普遍性概念。后续几章套用共性的概念介绍几个典型的微控制器。首先介绍最基础、最简单、应用最长久的 8051 单片机,对于学过 8051 的读者,可以总结回顾单片机开发对应的共性概念,提炼推广训练过的软硬件开发经验到其他微控制器的学习当中,对于没有任何一种微控制器基础的读者,选择结构简单的 8051 有利于初学者掌握处理器的开发方法。当然也可以利用共性概念,让学生学习如何使用比较复杂的适合数字信号处理的控制器 TMS320F28335、广泛应用的低功耗 MSP430 和基于 ARM 的微控制器 MSP432 等。教师也可以根据实验室拥有的实验平台、学时数、学生基础等具体情况,选择一种或多种微控制器在课程中进行介绍。

本书的重点在于微控制器共性概念的总结提炼,不求全面。对微控制器内部集成的大量片内外设,只在第 4 章介绍了 MCU 片内 I/O 结构特点、定时器的使用方法、串行通信概念和 UART 等,在第 6 章介绍了串行通信 SPI 和 I^2C 的概念以及接口。其他接口特别是 TMS320F28335 内部的大量接口,本书正文中不再详细介绍。使用时也可以查阅器件手册,所有 MCU 片内外设接口的应用基本类似,开发经验可以逐步积累。为了便于使用者了解相关内容,教材以二维码形式给出了大量数据手册、用户手册、实验平台说明等资料(用手机微信"扫一扫"功能,扫描书中相应的二维码,即可在线查看)。

本书的核心思想和主要内容是宁改娣对三十多年微处理器类课程教学和实践的总结，其中张虹编写了 1.1 节、1.2 节、2.3.5 节和第 3 章 3.1～3.4 节内容的初稿，研究生孙培钦参与了 3.5 节的编写工作，其余部分由宁改娣编写，教材统稿和校对由宁改娣完成。本书中多数的二维码资料是来自 TI 官方网站和"DSP 技术及其应用"课程教学中学生的学习总结以及经验之谈。在此感谢研究生孙培钦、王骏逸、马达、叶严森、王毅（学号：3117058009）、张阳、王毅（学号：3117028010）、梁阳、孙官华、贾培鑫、李雨果、徐龙玉、吴祉谦、王涛、王毅（学号：3117306079）等，总结了程序流程图概念和基于 F28335、MSP430、MSP432 等不同实验平台的学习经验，以及提供的学习每个模块的讲解资料和工程文件。

本书的出版还要感谢德州仪器公司(TI 公司)与教育部 2016 年产学合作协同育人项目的支持。感谢 TI 公司网站上提供的各种微控制器详细的器件手册、软硬件工具资料、应用工程文件等，提醒大家在使用这些资源时要关注 TI 的重要通知、警告和重要声明。另外，要特别感谢 TI 公司大学计划部经理潘亚涛以及崔萌、谢胜祥等 TI 大学计划部的工程师对我校相关课程教学工作的长期支持！感谢杭州艾研信息技术有限公司官方网站上提供的大量的硬件和软件资源！

感谢研究生院和电气工程学院领导支持本教材的出版！也要特别感谢课程组的金印彬老师以及其他老师为教学和实验工作所付出的努力！对长期专注于教学且默默地无私奉献的老师致以崇高的敬意！感谢参与第一版和第二版教材编写工作的作者！

由于作者对处理器共性的总结也是基于几个公司的常用几种处理器，可能存在局限性，书中难免有不足之处，希望使用本书的老师、学生及工程技术人员批评指正。

作　者

2017 年 11 月于西安交通大学

目　录

第 1 章　微处理器基本概念

微处理器是一种软件程序驱动与外围接口芯片协同工作完成特定任务的数字集成器件。在程序指令的控制下，微处理器能很方便地完成复杂的算术、逻辑运算，更新存储器内容，控制外围设备等工作。当系统性能需要改变时，只要修改相应的程序指令，不用像硬件系统设计那样重新设计和加工整个硬件电路。对于复杂电子系统的设计，基于微处理器的设计方案要明显优于利用中小规模集成电路的设计。随着微处理器性能的提高、功能的日益强大，基于微控制器和可编程逻辑器件的数字系统设计已成为目前电子系统设计的主流。

从广义上讲，微处理器(Micro Processor Unit，MPU 或者 Central Processing Unit，CPU)、微控制器(Micro Controller Unit，MCU)、数字信号处理器(Digital Signal Processor，DSP)、嵌入式处理器等都称为微处理器或嵌入式处理器(嵌入数字系统)，而且各集成器件制造厂家也在不断吸取别家所长，提高自己产品的竞争优势。因此，微处理器并没有一个严格的分类。但狭义地讲，CPU、MCU、DSP 和嵌入式处理器等器件的结构特点与概念有所不同，本书对其不同进行总结。

1.1　微处理器、微控制器及嵌入式处理器

1. 微处理器(CPU)

微处理器是一个功能强大的中央处理单元(CPU)，其内部主要包括算术运算单元和控制单元(ALU 和 CU)。这种芯片往往是个人计算机和高端工作站的核心 CPU。最常见的微处理器是 Motorola 的 68K 系列和 Intel 的 x86 系列。"微型计算机原理"课程中就是以 Intel 的 80x86CPU 为例介绍微处理器的结构、指令系统、接口及应用的。

微处理器片内普遍没有用户使用的存储器、定时器和常用接口。因此，微处理器在电路板上必须外扩存储器、总线接口及常用外设接口与器件，从而降低了系统的可靠性。例如，"微型计算机原理"学习的 Intel 8088/8086 CPU，使用时需要 244/245/373 构成总线，外加 Intel 8087 浮点运算协处理器、并行可编程接口芯片 8255A、计数/定时器 8253/8254、DMA 控制器 8237、中断控制器 8259A、串行通信接口 8250/8251 等芯片，构成早期的个人计算机 IBM XT/AT 的主板系统。微处理器的功耗普遍较大，如 Intel 的 CPU 多在 20～100W。

微处理器，自 20 世纪 70 年代问世以来，得到了迅速的发展。以字长和典型芯片作为标志，CPU 的发展主要经历了以下几个阶段。

1971～1972 年为第一阶段，主要是 4 位和 8 位 CPU。典型产品为 Intel 4004 和 Intel 8008。采用机器或简单的汇编语言，指令数目少，主要用于家电和简单的控制场合。

1973~1977年为第二阶段，主要是8位中高档微处理器时代。典型产品为Intel 8080和Intel 8085、Motorola的MC6800和Zilog的Z80。特点是指令系统较完善，具有典型的CPU体系结构。

1978~1984年为第三阶段，主要是16位微处理器时代。典型产品为Intel的8086/8088、80286，Motorola的M6800和Zilog的Z8000。特点是指令系统更加丰富，采用多种寻址方式、硬件乘法部件等。

1985~1992年为第四阶段，主要是32位微处理器时代。典型产品为Intel公司的80386/80486、Motorola的M68030/68040等。同期，其他一些微处理器生产厂商，如AMD等也推出了80386/80486系列的芯片。特点是具有32位数据线和32位地址线，每秒可完成600万条指令，为多任务的处理提供了可能。

1993~1994年为第五阶段，主要是Pentium系列微处理器时代。典型产品为Intel公司的Pentium系列芯片和与之兼容的AMD的K6系列微处理器芯片。特点是内部采用了流水线结构，并具有处理高速数据缓存的能力。

1995~2006年为第六阶段，主要是P6和NetBurst架构的微处理器时代。P6架构的典型产品为Intel公司的Pentium Pro、Pentium Ⅱ、Pentium Ⅲ等，内部采用3条超标量流水线结构，工作频率和总线频率显著提高。NetBurst架构的典型产品为Pentium 4。

2007~至今为第七阶段，采用Core架构的酷睿系列微处理器时代。产品代表有Core 2 Dou、Core 2 Quard、Core 2 Extreme等。Core 2系列为双核结构的微处理器。另外，2008年Intel公司还推出了64位四内核的微处理器Core i7。此外，Intel公司基于14nm制作工艺的全新Cherry Trail芯片也已经出货，该芯片主要应用于平板电脑产品。

2. 微控制器(MCU和DSP)

微控制器诞生于20世纪70年代后期，这类处理器片内除具有通用CPU所具有的ALU和CU，还集成有存储器(RAM/ROM)、计数器、定时器、各种通信接口、中断控制、总线、A/D和D/A转换器等适合实时控制的功能模块。因此，这类处理器称为单片机(Single Chip Computer)或微控制器。经过30多年的发展，其成本越来越低，而性能越来越强大，这使其应用已经无处不在，遍及各个领域。例如，电机控制、条码阅读器/扫描器、消费类电子、游戏设备、电话、HVAC、楼宇安全与门禁控制、工业控制与自动化、家电等领域。

学过"数字信号处理技术"的读者应该还记得，像FIR和IIR数字滤波、卷积、快速傅里叶变换等数字信号处理算法中，乘积和(Sum of Product，SOP)是最基本的单元。在处理器实时信号处理中，就要求完成SOP的速度尽可能地快。20世纪80年代中后期，出现了一种结构更加复杂的高性能的微控制器或单片机，其内部采用多总线结构(数据和程序有各自的总线)、指令执行使用多级流水线结构(多条指令同时运行在不同阶段)、片内集成有硬件乘法器、具有进行数字信号处理的特殊指令等。这种处理器可以更加快捷地完成SOP算法，因此得名数字信号处理器(DSP)，DSP可以在一个指令周期完成乘法与加法。最常见的有TI的TMS320系列，Motorola的MC56和MC96系列，AD公司的ADSP21系列等。

某些专用微控制器设计用于实现特定功能，从而在各种电路中进行模块化应用，而不要求使用人员了解其内部结构。如音乐集成微控制器，它将音乐信号以数字的形式存于存储器中，由微控制器读出，转化为模拟音乐电信号。这种模块化应用极大地缩小了体积，简化了电路，降低了损坏和错误率，也便于更换。

微控制器与微处理器相比，最大的优点是将适合实时控制的一些接口和微处理器一起单片化，体积大大减小，从而使功耗和成本下降，可靠性提高。微控制器可单独完成现代工业控制所要求的智能化控制功能，这是微控制器最大的特征。微控制器由于其体积小、灵活性大、价格便宜、使用方便等优点，自问世以来，在工商、金融、科研、教育、国防、航空航天等领域都有着十分广泛的用途。可以这样说，微控制器现已渗透到人们日常工作生活的方方面面。

Intel 公司作为最早推出 CPU 的公司，同样也是最早推出微控制器的公司。继 1976 年推出 MCS-48 后，又于 1980 年推出了 MCS-51 系列微控制器，产品包括 8031、8051、8751、89C51 等。MCS-51 系列微控制器设置了经典的 8 位微控制器总线结构，具有 8 位数据总线、16 位地址总线、控制总线及具有多机通信功能的串行通信接口；体现了工控特性的位地址空间及位操作方式。另外，指令系统趋于丰富和完善，并且增加了许多突出控制功能的指令。MCS-51 系列微控制器为发展具有良好兼容性的新一代微控制器奠定了基础。

在 8051 技术实现开放后，Philips、Atmel、Dallas 和 Siemens 等公司纷纷推出了基于 8051 内核的微控制器，将许多测控系统中使用的电路技术、接口技术、多通道 A/D 转换部件、可靠性技术等应用到微控制器中，增强了其外围电路的功能，强化了智能控制的特征。另外，随着技术的不断进步，这些微控制器自身性能已得到大幅提升，例如，现在 Maxim/Dallas 公司提供的 DS89C430 系列微控制器，其单周期指令速度已经提高到了 8051 的 12 倍。

8051 微控制器基于复杂指令集(Complex Instruction Set Computer，CISC)架构，即采用一整套指令来完成各种操作。基于这种架构的微控制器除了 8051 外，还有 Motorola 提供的 68HC 系列微控制器等。

除此之外，还有一些基于精简指令集(Reduced Instruction Set Computer，RISC)架构的微控制器，包括 Microchip 的 PIC 系列 8 位微控制器、Maxim 公司推出的 MAXQ 系列 16 位微控制器、TI 公司的 MSP430 系列 16 位微控制器等。

20 世纪 90 年代后随着消费电子产品大发展，微控制器技术得到了巨大提高。出现了以 ARM 系列、Atmel 的 AVR32 为代表的 32 位微控制器，尤其是 ARM 系列微控制器在高端市场的使用，使其迅速进入了 32 位微控制器的主流。

微控制器可从不同方面进行分类：根据数据总线宽度可分为 8 位、16 位、32 位机等；根据存储器结构可分为哈佛(Harvard)结构和冯·诺依曼(Von Neumann)结构；根据内嵌程序存储器的类别可分为 OTP、掩模、EPROM/EEPROM 和闪存 Flash；根据指令结构又可分为 CISC 和 RISC 微控制器等。

3. 嵌入式处理器

从狭义上讲，嵌入式处理器是一种处理器的 IP 核(Intellectual Property Core)。开发公司开发出处理器结构后向其他芯片厂商授权制造，芯片厂商可以根据自己的需要进行结构与功能的调整。嵌入式处理器的主要产品有 ARM(Advanced RISC Machines)公司的 ARM、Silicon Graphics 公司的 MIPS、IBM 和 Motorola 联合开发的 PowerPC、Intel 的 x86 和 i960 芯片、AMD 的 Am386EM、Hitachi 的 SH RISC 芯片等。

嵌入式处理器的主要设计者是 ARM 公司，靠转让设计许可，由合作伙伴公司来生产各具特色的芯片，是一个不生产芯片的芯片商。在全世界范围的合作伙伴超过 100 个，其中包括 TI、Xilinx、Samsung、Philips、Atmel、Motorola、Intel(典型芯片有 StrongARM 和 XScale)等许多著名的半导体公司。ARM 公司专注于设计，设计的处理器内核耗电少、成本低、功能强。采用 ARM 技术的微处理器遍及各类电子产品，在汽车电子、消费娱乐、成像、工业控制、网络、移动通信、手持计算、多媒体数字消费、存储安保和无线等领域无处不在。自成立至 2017 年初芯片出货量累计超过一千亿片。

狭义上的嵌入式系统是指，使用嵌入式微处理器构成独立系统，具有自己的操作系统并且具有某些特定功能的系统。

1.2　CPU　结　构

本章以下内容主要介绍狭义的微处理器(CPU)的硬件结构和工作流程。

CPU 芯片中制作了执行各种功能的硬件逻辑电路，它可以读懂程序指令代码，并按照一定的顺序执行，完成人们给它的任务。CPU 是一切基于微处理器的电子设备的核心部件或"大脑"，负责对整个系统的各个部分进行统一的协调和控制。

CPU 主要包括运算器和控制器两大部分，控制器的主要作用是自动完成取指令和执行指令等任务。每个微处理器都有自己的指令系统，每条指令都有其确定的二进制微代码，控制器读取指令微代码通过指令译码就可以知道指令的作用，CPU 执行指令来协调并控制微处理器的各个部件。运算器的主要作用是算术运算和逻辑运算。CPU 的性能大致反映出微处理器的性能。

1.2.1　控制器

控制器(Control Unit，CU)为 CPU 的指挥和控制中心，结构如图 1.2.1所示，控制器主要由指令寄存器(Instruction Register，IR)、指令译码器(Instruction Decoder，ID)、程序计数器(Program Counter，PC)、堆栈指针(Stack Pointer，SP)、控制和时序发生电路等组成。CPU 根据 PC 的内容，通过总线读取外部存储器中的指令，并暂存在 IR 中，ID 进行指令译码，并根据译码后产生的控制信号，指挥各部件间协同工作。

IR 主要用于存放即将执行的指令。CPU 在执行程序时，首先从存储器中取出要执行的一条指令代码存放在 IR 中。

ID 的作用是分析 IR 中的二进制程序代码，让 CPU 知道本条指令要执行的是什么操作。IR 和 ID 是 CPU 内部的专用寄存器，用户一般无法访问它，也无须关心它。

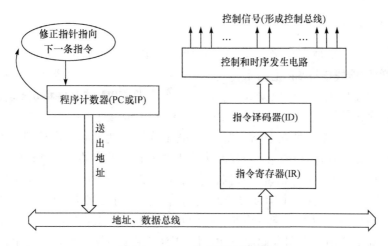

图 1.2.1   CPU 控制器结构框图

控制和时序发生电路根据指令译码分析的结果发出相应的控制命令，按照时间顺序发出各种控制信号，以保证指令能按照一定节拍顺序执行。控制和时序发生电路负责对整个系统进行控制，它还向 CPU 之外的其他各部件发出相应的控制信号，使 CPU 内、外各部件间协调工作。

CPU 内部的地址和数据总线用来连接 CPU 内部各功能部件，并在功能部件之间传送数据和控制信号。

软件设计者需要熟悉 CPU 控制器中的两个重要寄存器，一个是程序计数器(PC)，另一个是堆栈指针(SP)。有些 CPU 中将 PC 用指令指针(Instruction Pointer，IP)表示。

1. 程序计数器(PC)

程序计数器是专门用于保存程序指令存储地址的一个寄存器。CPU 每执行一条指令 PC 自动地增加一个量，这个量等于本条指令代码所占用的存储器单元数，以便使 PC 保持的总是将要执行的下一条指令的地址。由于程序在执行前已按照先后顺序存放在存储器中，因此，只要把程序第一条指令的地址，即程序入口地址装入 PC，程序就可以在 PC 的引导下逐条执行了。由于大多数指令都是按顺序来执行的，所以修改的过程通常只是简单地对 PC 加 1 或加 2(多数指令一般占用 1 个或 2 个存储单元)。如果 CPU 要执行子程序、跳转指令和后续要介绍的中断服务程序等，也都是通过修改 PC 的值，使程序转向对应的分支去执行程序。不同厂家甚至同一厂家不同系列的 CPU，其 PC 位数和初值可能不同，CPU 复位后，PC 值被设置为处理器器件手册中介绍的值。一般情况下，PC 复位后的值是指向存储器地址低端(例如，8051 复位后 16 位的 PC 初值为 0000H)或高端地址(例如，F2812 复位后 22 位的 PC 寄存器值为 3FFFC0H)。多数情况下，PC 是专为处理器提供的，用户一般无法通过指令访问它，但 MSP430 系列 MCU 可以通过指令寻址 PC，即用户可编程 PC。但学习任何一款微处理器时，必须清楚指令指针 PC 在 CPU 复位后的初值是什么。如果处理器芯片内部出厂时没有固化引导程序，用户的第一条指令代码就必须从 PC 初值所指的存储单元开始存放。

2. 堆栈指针(SP)

堆栈是一个特定的数据存储区域，它按"后进先出或先进后出"方式存储信息(类似生活中的存储桶)。堆栈指针 SP 是用来存放堆栈栈顶地址的一个寄存器。主要用于保存程序断点地址、主程序现场、重要数据等。当通过指令或者 CPU 的某些特定操作(执行中断服务或转向子程序)要将数据压入堆栈时，SP 会自动加 1 或减 1，不同 CPU 对 SP 的调整方式不同，SP 加 1 入栈为地址向上增长型，SP 减 1 入栈为地址向下增长型，栈中原存信息不变，只改变栈顶位置保存数据。当数据从堆栈弹出时，弹出的是栈顶位置的数据，弹出后 SP 自动减 1 或加 1。也就是说，数据在进行入栈和出栈操作时，SP 总是指向栈顶。堆栈指针 SP 和 PC 一样，CPU 上电或复位时被初始化，不同处理器 SP 的复位初值不同。多数 CPU 的 SP 值用户可以通过指令修改，这种 CPU 的堆栈一般设定在数据存储器空间的某一区域，作为堆栈使用的数据存储器空间，用户不能用于存储数据。也有个别处理器的堆栈是硬件堆栈，且堆栈存储容量和位置固定，不允许用户对堆栈指针进行操作，当然也没有入栈和出栈的指令，仅在 CPU 执行中断服务或转向子程序等操作时完成与上述堆栈操作类似的方式入栈或出栈，保存程序断点处的 PC 值。例如，TI 的 C24×系列 MCU 只具有 8 级深度的硬件堆栈，即只可以存储 8 个字。堆栈溢出一般不会有任何错误提示，使用时要谨慎。

1.2.2 运算器

运算器是执行算术运算和逻辑运算的部件，它的任务是对信息进行加工处理。运算器主要由算术逻辑单元(Arithmetic Logic Unit，ALU)和各种寄存器组成。主要的寄存器包括累加寄存器、程序状态字(Program Status Word，PSW)寄存器、暂存器(暂时存放数据)等。运算器主要负责加工和处理各种数据。相对控制器而言，运算器接收控制器(CU)的命令而进行动作，即运算器所进行的全部操作都是由 CU 发出的控制信号来指挥的，所以它是执行部件。图 1.2.2 为运算器的结构图，不同型号的 CPU 稍有不同。

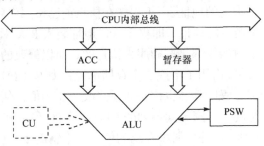

图 1.2.2　CPU 运算器结构框图

累加器是 ALU 使用最为频繁的一个寄存器，记为 A 或 ACC。两数相加，可以将加数或被加数之一存放在累加器中，完成求和运算后，结果仍送回 ACC，可以继续与暂存器中的数据相加，可见，ACC 具有累计的含义，故常称为累加器。

程序状态字 PSW 是反映程序运行状态的一个寄存器，主要用于存放一些操作结果的特征或标志，如用于寄存加、减运算结果是否溢出的标志，运算结果是否为零的标志，以及运算结果奇偶性的标志等。通过读取这些标志，可以了解运算结果的一些特征。

随着数字设计及制造技术的发展，微处理器功能的增强，CPU 的内部除了上述基本部分，还会增加更多的寄存器、存储器管理部件、高速缓存部件等。

任何微处理器出厂后，PC、SP、ACC、PSW 等寄存器的值确定，上电复位正常，寄存器的值则会被复位为器件手册中给定的值，搞清楚这些寄存器的初始值对于软件设计者非常重要。

1.3 CPU 工作流程(程序引导过程)

MCU 的核心是 CPU，无论 CPU 还是 MCU，上电程序的引导都是由 CPU 处理的，CPU 的工作过程就是执行程序的过程。CPU 上电后，在程序指针 PC 的引导下，去程序存储器中读取用户程序。随着 MCU 处理器功能越来越强大，程序引导方式也越来越多，这就意味着程序存放的地方越来越多，不仅可以存储在系统本身的存储器中，还可以存储在便携移动存储器中。程序引导方式比较复杂的处理器，如 TI DSP，出厂时片内都固化了引导加载程序(常称为 Boot Loader)，但无论多复杂，程序的引导都是在 PC 指引下，然后配合处理器规定的确定程序引导的 I/O 引脚(这种情况就作为输入引脚)的电平高低，则可以将程序 PC 指向期望的用户程序区域。换句话说，用户程序可以存储在多个地方，由引导的 I/O 引脚的不同取值，可以让 PC 转移到用户程序并开始读取第一条程序，提高程序存放的灵活性。

不同 CPU 执行程序指令的方式各不相同，执行指令的过程一般都包含取指令、指令译码、取操作数、执行指令等过程，各过程的意义如下。

(1) 取指令：控制器发出信息从存储器取一条指令。

(2) 指令译码：指令译码器将取得的指令翻译成对应的控制信号。

(3) 取操作数：如果需要操作数，则从存储器取得该指令的操作数。

(4) 执行指令：CPU 按照指令操作码的要求，在控制信号作用下完成规定的处理。

早期多数的 CPU 是按照上述顺序，一条一条串行地执行程序的，一条指令执行完才进行下一条指令的取指令环节。假设某 CPU 在第 100 个机器周期开始执行一条包含了取指令(简记为 F)、指令译码(简记为 D)、取操作数(简记为 R)、执行指令(简记为 E)等 4 个部分的指令，顺序执行程序的 CPU 工作流程如图 1.3.1 上面部分所示。这种方式的程序执行速度显然很慢。

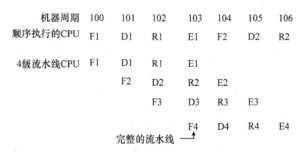

图 1.3.1　顺序执行和流水线执行程序对比

现阶段的多数 CPU 借鉴了工业生产上的装配流水线思想，采用流水线技术，将每条指令分解为多步，并让各步操作重叠，从而实现几条指令并行处理。程序中的指令仍是一条条顺序执行，但可以预先取若干条指令，并在当前指令尚未执行完时，提前启动后续指令的另一些操作步骤。这样显然可加速一段程序的运行过程。市场上推出的各种不同的 16 位/32 位微处理器基本上都采用了流水线技术，如 80486 和 Pentium 均使用了 6 级流水线结构，6 级包括取指令、指令译码、操作数地址生成、取操作数、执行指令、存储或"写回"结果。在理想情况下，每步需要一个时钟周期。当流水线完全装满时，每个时钟周期平均有一条指令从流水线上执行完毕，输出结果，就像轿车从组装线上开出来一样。

流水线技术是通过增加处理器硬件来实现的。在 CPU 中由若干个不同功能的电路单元组成一条指令处理流水线，然后将指令分步后再由这些电路单元分别执行，以便实现多条指令的重叠操作，从而提高 CPU 的程序执行速度。假设某 CPU 一条指令执行仍然包含了取指令(F)、指令译码(D)、取操作数(R)、执行指令(E)等 4 个指令处理流水线部分，这种处理器则为 4 级流水线处理器，则其工作流程如图 1.3.1 下面部分所示。一旦流水线建立好，流水线上就同时有 4 条指令在运行，一条指令的执行时间就是一个机器周期。显然，流水线技术大大降低了各部件的空闲时间，提高了 CPU 的执行效率。TI 的 DSP 采用了 2～8 级的流水线。

无论顺序执行还是流水线执行程序，如此不断重复，直到遇到标志程序结束的指令则停止执行。如果 CPU 没有标志程序结束的指令，用户程序就需要构成一个死循环结束。

必须指出，CPU 本身并不能单独构成一个独立的工作系统，必须配上存储器、输入/输出设备构成一个完整的数字系统后才能独立工作。

1.4 CPU 对存储器及接口的编址方式

CPU 配备存储器和一些外设 I/O 接口电路，才构成一个完整的数字系统。换言之，与 CPU 交换信息的一般主要有存储器和 I/O 接口。不同 CPU 对存储器和 I/O 接口地址的配置及访问方式不同。

1.4.1 程序和数据存储器的地址配置

存储器的主要任务是保存程序和数据等信息。图 1.4.1 中的程序与数据存储器是指 MCU 的存储体。根据数据和程序存储的地址配置，可将 CPU 分为冯·诺依曼结构和哈佛结构，如图 1.4.1 所示。

图 1.4.1 冯·诺依曼结构和哈佛结构

冯·诺依曼结构也称普林斯顿结构，程序被当作一种特殊的数据，它可以像数据一样被处理。将程序和数据存储空间统一编址，且共享一套地址与数据总线。由于指令和数据共享同一总线，信息流的传输成为限制性能的瓶颈，影响了数据处理速度的提高。但是，因冯·诺依曼结构简单，仍在一些产品中得以应用，如 ARM 公司的 ARM7、MIPS 公司的 MIPS 等。现代的通用计算机都是基于冯·诺依曼结构的，可执行程序映像位于磁盘中，运行时，操作系统将它加载到内存中。

哈佛结构的主要特点是程序和数据存储空间独立，地址空间重叠，具体是访问程序还是数据空间由不同访问指令产生的控制信号区分。改进的哈佛结构采用多总线技术，可以使指令和数据有不同的数据宽度，且提高了处理器的数据吞吐量及执行效率，如 Microchip 公司的 PIC16 处理器的程序指令是 14 位宽度，而数据是 8 位宽度。目前使用哈佛结构的微控制器有很多，除了 Microchip 公司的 PIC 系列，还有 Motorola 公司的 MC68 系列，Zilog 公司的 Z8 系列，Atmel 公司的 AVR 系列，ARM 公司的 ARM9、ARM10 和 ARM11，MCS-51 系列单片机等。DSP 芯片硬件结构有冯·诺依曼结构和哈佛结构，一般 DSP 都采用改进型哈佛结构，即采用多总线技术，不同的生产厂商的 DSP 芯片有所不同，TI 的 DSP 也属于改进的哈佛结构。

1.4.2　I/O 接口及编址方式

I/O 接口是 CPU 与外部输入/输出设备(简称外设)进行数据交换的中转站，是在主机与外设之间起到协助完成数据传送和控制等任务的逻辑电路。外设通过 I/O 接口电路把信息传送给微处理器进行处理，微处理器将处理完的信息通过 I/O 接口电路传送给外设。I/O 接口也称 I/O 适配器，不同的外设必须配备不同的 I/O 适配器。I/O 接口电路是微机应用系统必不可少的重要组成部分。

在 CPU 与外设之间设置接口，主要原因可以总结为：①CPU 与外设二者的信号不兼容，包括信号线的功能定义、逻辑定义和时序关系；②CPU 与外设的速度不匹配，CPU 的速度快，外设的速度慢，若不通过接口而由 CPU 直接对外设的状态实施控制，会大大降低 CPU 的效率；③若外设直接由 CPU 控制，会使外设的硬件结构依赖于 CPU，不利于外设的开发。

1. I/O 接口基本概念

I/O 接口完成计算机系统的各种输入/输出功能。计算机中常用的输入设备有键盘、鼠标、扫描仪、麦克风、摄像头、手写板等。常用的输出设备有打印机、显示器、投影仪、耳机、音箱等。

由于输入/输出设备和装置的工作原理、驱动方式、信息格式以及工作速度等各不相同，其数据处理速度也各不相同，但都远比 CPU 的处理速度要慢。所以，这些外设不能与 CPU 直接相连，必须经过中间电路连接，这部分中间电路称作 I/O 接口电路，简称 I/O 接口，用来解决 CPU 和 I/O 设备间的信息交换问题，使 CPU 和 I/O 设备协调一致地工作。I/O 接口的具体功能就是完成速度和时序的匹配、信号逻辑电平的匹配、驱动能力的协调等。其中，时序匹配是非常重要的，每个外设都有自己固定的时序，CPU 访问外设时必须产生与外设时序一致的信号才能正常交换信息。

无论 I/O 接口电路复杂程度如何，CPU 与 I/O 接口交换的信息都可以分为三类：数据信息、状态信息和控制信息，数字信息是两者之间要传送的数据；状态信息主要用来反映 I/O 设备当前的状态，如输入设备是否准备好，输出设备是否处于忙状态等；控制信息是 CPU 通过 I/O 接口来控制 I/O 设备的操作，是向外设传送的控制命令，如读、写等命令。这三种信息都是以数据形式存放在 I/O 接口电路的寄存器中，不同接口中的数据、控制和状态寄存器的多少与位数是不同的。

为了区分 I/O 接口中的不同寄存器，定义了"I/O 端口"概念，I/O 端口是指能被 CPU 直接访问(读/写)的寄存器。因此，如果 I/O 接口芯片中有多个 I/O 端口，接口芯片就有对应地址线输入引脚，用于区分各端口，这些引脚一般与处理器的地址总线低位地址依次相接。

2. I/O 端口的控制(或访问)方式

CPU 控制或者访问 I/O 端口的方式主要有两种：程序查询方式和中断方式。

程序查询方式，是通过程序不断地查询 I/O 接口中状态寄存器的内容，CPU 通过状态位信息了解外设的数据处理情况，根据状态确定是否要读入输入设备的数据信息或者将输出数据输出到输出设备。由于 CPU 的高速性和 I/O 设备的低速性，CPU 的绝大部分时间都处于等待 I/O 设备完成数据的循环查询中。同时，CPU 查询多个 I/O 设备只能串行工作，导致 CPU 的利用率相当低，外设与 CPU 交换数据的实时性也很差。但程序查询方式编程简单，易于实现。

中断方式(详见 2.4 节)的思想是，允许 I/O 设备主动打断 CPU 的运行并请求服务，从而"解放"了 CPU，提高了 CPU 效率和数据交换的时间，在实时控制中一般都用中断方式。

3. I/O 端口的编址(或寻址)方式

不同 CPU 对存储器和 I/O 接口的编址方法不同，主要有两种：一种是 I/O 端口和数据存储器统一编址，即存储器映射方式；另一种是 I/O 端口和数据存储器分开独立编址，即 I/O 映射方式。

统一编址是从存储器空间划出一部分地址空间给 I/O 设备，把 I/O 接口中的端口当作数据存储器单元一样进行访问，不用设置专门的 I/O 指令。Motorola 系列、Apple 系列微型机、TI 的 DSP 系列和一些小型机就是采用这种方式。MCS-51 系列也属于这种编址方式。

独立编址的存储器和 I/O 端口地址空间可以完全重叠，这种编址方式的主要优点是 I/O 端口地址不占用存储器空间，但要使用专门的 I/O 指令对端口进行操作，I/O 指令短，执行速度快。IBM 系列、Z-80 系列微型机和大型计算机通常采用这种方式。

假设某微处理器系统地址总线宽度为 16 位，那么两种编址的方式举例如图 1.4.2 所示，统一编址访问存储器和 I/O 端口的指令相同，独立编址通过不同于访问存储器的指令访问 I/O 端口。当然，采用统一编址的不同 CPU 对空间的分配与图 1.4.2 中不一定相同，存储器和 I/O 端口占哪一部分空间因 CPU 而异。

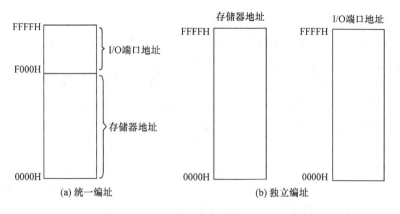

图 1.4.2　I/O 端口的两种编址方式举例

无论统一编址还是独立编址 I/O 接口，一般情况下，需要地址译码电路产生区分不同芯片的信号，分别接到各芯片的片选端，绝大多数芯片的片选都是低电平有效，表示为 $\overline{CS}$，即 Chip Select，$\overline{CS}$ 低电平有效时表明 CPU 选中了该芯片工作。一般使用处理器地址总线的**高位地址**，经译码电路产生芯片的片选信号 $\overline{CS}$，地址总线的**低位地址**直接连到接口或存储器芯片的地址端，对片内端口或存储单元进行寻址。I/O 接口与 CPU 及外设的典型连接如图 1.4.3 所示。

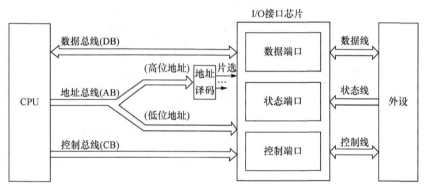

图 1.4.3　I/O 接口与 CPU 典型连接示意图

4. 早期 PC 系列微机中的 I/O 端口译码电路

PC 系列微机中的 I/O 接口电路大体上分为两类。

(1) 主板上的 I/O 接口芯片。这些芯片大多都是可编程的大规模集成电路，完成相应的接口操作。在 IBM XT/AT 微机中有 DMA 控制器(8237)、中断控制器(8259A)、计数/定时器(T/C)(8253)、并行可编程接口(PPI)(8255A)、DMA 页面寄存器及 NMI 屏蔽寄存器等 I/O 接口。随着 IC 设计、制造、封装以及 PLD 技术的发展，目前 PC 系统主板上由芯片组(Chipset)联络 CPU 和外围设备的运作，主板上最重要的芯片组就是南桥和北桥。北桥是主芯片组，也称为主桥，是主板上离 CPU 最近的芯片，它主要负责 CPU 和内存之间的数据交换，随着芯片的集成度越来越高，也集成了不少其他功能。南桥芯片主要负责 I/O 接口的控制，包括管理中断及 DMA 通道、键盘控制器(KBC)、实时时钟控制器(RTC)、通用串行总线

(USB)、Ultra DMA/33(66)EIDE 数据传输方式和高级能源管理(ACPI)等，一般位于主板上离 CPU 插槽较远的下方。370 主板上南桥为 VT82C686A、VT82C686B 等。其他 I/O 芯片常用型号有 W83627HF、IT8712F、IT8705F 等(都集成有监控功能)。

(2) 扩展槽上的 I/O 接口控制卡。这些接口控制卡是由若干个集成电路按一定的逻辑功能组成的接口部件，如多功能卡、图形卡、串行通信卡、网络接口卡等。

PC 系列微机中的 I/O 端口采用独立编址。虽然，PC 微机 I/O 地址线有 16 根，对应的 I/O 端口编址可达 64K 字节，但由于 IBM 公司当初设计微机主板及规划接口卡时，其端口地址译码采用非完全译码方式，即只考虑了低 10 位地址线 $A_0 \sim A_9$。故其 I/O 端口地址范围是 0000H~03FFH，总共只有 1024 个端口。在 PC/AT 系统中，前 256 个端口(000~0FFH)供系统主板上的 I/O 接口芯片使用，如表 1.4.1 所示，后 768 个端口(100~3FFH)供扩展槽上的 I/O 接口控制卡使用，常用扩展槽上接口控制卡的端口地址范围如表 1.4.2 所示。

图 1.4.4 是早期的 IBM PC XT/AT 使用 74LS138 译码器构成系统主板上的芯片片选译码电路，图中的高 5 位地址 $A_9 \sim A_5$ 参与译码，低 5 位地址 $A_0 \sim A_4$ 用作各接口芯片内部端口的访问地址。图中的 $\overline{AEN}$ 信号是由 DMA 控制器发出的系统总线控制信号，$\overline{AEN}$ =0 表示 CPU 占用地址总线，译码有效，可以访问 I/O 接口芯片；当 $\overline{AEN}$ =1 时，表示 DMA 占用地址总线，译码无效，防止 DMA 周期与 CPU 访问端口冲突。

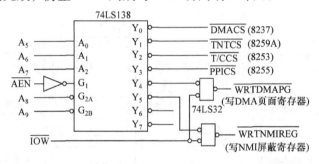

图 1.4.4　IBM PC XT/AT 系统主板上的 I/O 接口片选译码电路

根据图 1.4.4 的连接，在信号 $\overline{AEN}$ =0 时，可得到各芯片的地址范围如表 1.4.1 所示。

表 1.4.1　系统主板上接口芯片的端口地址范围

地址线										对应地址范围	接口芯片
A_9	A_8	A_7	A_6	A_5	A_4	A_3	A_2	A_1	A_0		
0	0	0	0	0	×	×	×	×	×	000H~01FH	DMA8237
0	0	0	0	1	×	×	×	×	×	020H~03FH	中断控制器 8259A
0	0	0	1	0	×	×	×	×	×	040H~05FH	定时计数器 8253
0	0	0	1	1	×	×	×	×	×	060H~07FH	并行接口 8255
0	0	1	0	0	×	×	×	×	×	080H~09FH	写 DMA 页面寄存器
0	0	1	0	1	×	×	×	×	×	0A0H~0BFH	写 NMI 屏蔽寄存器
0	0	1	1	0	×	×	×	×	×	0C0H~0DFH	
0	0	1	1	1	×	×	×	×	×	0E0H~0FFH	

表 1.4.2 扩展槽上接口控制卡的端口地址

I/O 接口名称	端口地址
游戏控制卡	200H~20FH
并行口控制卡 1	370H~37FH
并行口控制卡 2	270H~27FH
串行口控制卡 1	3F8H~3FFH
串行口控制卡 2	2F0H~2FFH
原型插件板(用户可用)	300H~31FH
同步通信卡 1	3AOH~3AFH
同步通信卡 2	380H~38FH
单显 MDA	3B0H~3BFH
彩显 CGA	3D0H~3DFH
彩显 EGA/VGA	3C0H~3CFH
硬驱控制卡	1F0H~1FFH
软驱控制卡	3F0H~3F7H
PC 网卡	360H~36FH

片选信号选中芯片后,接口芯片内部一般有多种可访问端口,不同芯片端口数目不同。这些端口的寻址需要由地址线的低位地址区分,即低位地址接到接口芯片的对应地址端,经内部译码电路即可区分端口,图 1.4.5 是可编程外设接口 8255 在 PC 主板系统中的连接,高 5 位地址 $A_9A_8A_7A_6A_5$ 取值为 00011 时,片选信号 $\overline{PPICS}$ (即译码器 Y_3 输出)有效,A_1 和 A_0 作为内部译码电路输入,区分端口 A、B、C 和控制寄存器,没用到的地址 $A_4A_3A_2$ 可以任意取值,一般设定为 000,则 8255 内部 4 个端口地址为 060H~063H。8255A 在 PC 主板上用于控制扬声器、键盘、RAM 的奇偶校验电路和系统配置开关等。

系统主板上各接口芯片在系统编程的端口地址范围如表 1.4.3 所示(括号中为实际用到的地址)。

表 1.4.3 系统主板上接口芯片的端口地址

端口地址范围(H)	I/O 接口
000~01F(00~0F)	8237A-5 DMA 控制器
020~03F(20~21)	8259A 中断控制器
040~05F(40~43)	8253-5 计数器/定时器
060~07F(60~63)	8255A-5 并行接口

端口地址范围(H)	I/O 接口
080~09F(80~83)	DMA 页面寄存器
0A0~0BF(A0)	NMI 屏蔽寄存器
0C0~0DF	保留
0E0~0FF	保留

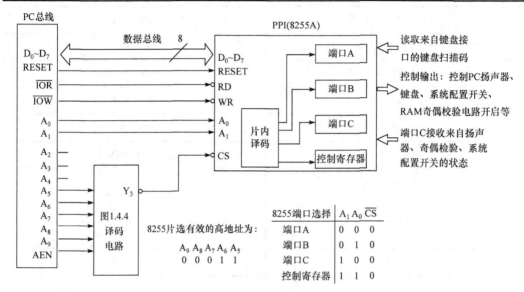

图 1.4.5　接口芯片片内端口寻址举例

I/O 接口技术采用的是软件和硬件相结合的通信方式，接口电路属于硬件系统，软件是控制这些电路按要求工作的驱动程序。任何接口电路的应用，都离不开软件的驱动与配合，软件部分在学习微处理器之后介绍。

1.4.3　硬件接口的三要素

硬件电路一般包含多种不同功能的芯片或器件。无论是模拟的还是数字的芯片或器件，两两相接时都需要注意电压、电流、速度等三个要素是否匹配。如果这些参数不能匹配却将两者相接，电路就不可能正常工作，严重时甚至损坏器件。例如，模数转换器(ADC)，在实验中学生往往不注意应该给 ADC 输入多大范围的模拟电压，随意地调节输入信号大小，这种情况经常导致 ADC 芯片烧坏。对于不同的数字集成芯片，其输入与输出与逻辑 0 和逻辑 1 的范围各不相同，驱动电流和负载电流也各不相同，两两连接时要注意驱动芯片的输出电压是否满足负载芯片的要求，同时要关注驱动芯片的驱动电流(输出电流)是否大于负载芯片要求的电流，如果电压或者电流有一种情况不能满足，都需要在两者中间加接口电路进行匹配。速度匹配也是非常重要的一个问题，例如，CPU 要将数据存储到存储器，一定要按照该存储器芯片的时序图，将地址、控制和数据信号送到存储器对应的引脚，才能正确存储数据。这一点在学习微处理器时非常重要。

思考与习题

1.1 微处理器、微控制器(包括 DSP)、嵌入式处理器的概念及各自特点是什么?

1.2 CPU 结构包含哪些部分? 各部分的具体作用是什么? CPU 上电后是如何引导程序的? 多数 MCU 为什么设置了一些 I/O 引脚配合上电程序的引导?

1.3 论述程序计数器和堆栈的作用是什么。

1.4 CPU 外部经常配置存储器和一些外设 I/O 接口电路,才构成一个完整的数字系统。请说明 CPU 对存储器和一些外设 I/O 接口电路有哪些编址方式,并详细说明是如何编址的。PC 系列微型计算机采用哪一种编址方式?

1.5 无论统一编址还是独立编址,一般情况下,需要地址译码电路产生区分不同存储器和一些外设 I/O 接口芯片的信号,分别接到芯片的片选端,试问: 译码电路的输入一般是采用地址总线的高位地址还是低位地址? 为什么?

1.6 为什么要在 CPU 与外设之间设置接口?

1.7 什么是 I/O 端口? I/O 端口根据存储的数据性格不同,可以分为哪三类?

1.8 接口的三要素是什么? 查资料说明由 TTL 构成的串行通信电路与计算机的 RS-232 接口通信电压是否匹配。如果不匹配,如何处理?

第2章　微控制器硬件框架性概念

简单来讲，微控制器(MCU)就是在一片半导体硅片上集成了"CPU+存储器+适合控制的外设接口等"的集成芯片，也称为单片机。单片机自20世纪80年代中后期开始得到广泛应用。伴随着微电子技术和制造技术的发展，微控制器产品种类和芯片功能越来越多，内部结构也越来越复杂，这使得掌握和使用微控制器本身变得越来越难。但无论多么复杂的微控制器，都有一些共同的特性。只要抓住其共性，许多问题就会变得容易理解和掌握了。

2.1　MCU内部结构框架及片内外设简介

MCU的内部结构可概括为图2.1.1所示框架。也就是说，任何微控制器包含3个主要部分：CPU、存储器、片内外设接口(芯片内部集成的输入设备和输出设备接口的简称)。多数控制器一般还包括看门狗、定时电路、低功耗电路、时钟振荡电路、JTAG接口等。下面对3个部分的作用进行简单介绍。

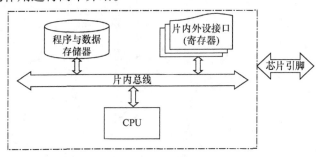

图2.1.1　MCU结构框架

CPU是微处理器的大脑，如第1章介绍的主要包括运算器和控制器两大部分，控制器的主要作用是自动完成取指令、翻译指令、执行指令等任务。每个微处理器都有自己的指令系统，每条指令都有其确定的二进制机器代码，控制器读取指令代码通过指令译码就可以知道指令的作用，CPU执行指令来协调并控制微处理器的各个部件。运算器的主要作用是完成算术和逻辑运算。CPU犹如人的大脑实体，软件系统像大脑的思维与神经系统，指挥系统的硬件工作。因此，学习CPU不仅要了解其结构，还需要掌握它的指令系统和编程方法。

程序与数据存储器是指微处理器片内的存储体，用于存储数据和程序。片内存储器的低功耗、高速度、较高的系统可靠性以及低成本特点，使各厂家的微控制器片内集成的存储器种类越来越多，容量也越来越大。要使用片内存储器储存程序和数据，就必须了解存储器的配置，即程序和数据存储器的空间多大、地址如何分配等，CPU复位后程序指针或程序计数器 PC 的值是什么，即明白 CPU 上电后从何处开始读取程序代码。熟悉了上述内容，使用中就清楚了用户第一条指令(包括中断入口)和数据应该存放于何处，对调试中程序的走向、查看用户程序中定义的变量内容等事项也会更清晰。

片内外设接口是指具有特定功能被集成到微控制器芯片内部的接口模块，例如，SCI、SPI、I^2C、CAN、McBSP 等多种串行通信接口，模/数转换器，PWM 发生器等。片内外设接口与 MCU 片内 CPU 总线的许多连线往往无须用户处理，与使用单独外围接口芯片相比更为方便简单，可靠性更高。片内外设的结构和原理与片外具有同样功能的独立接口芯片是一样的，如模数转换 ADC、串行通信接口等。在使用这些接口时，硬件上片内外设接口与 CPU 总线的许多连线无须用户处理，这也是集成电路制造不断朝着 SOC 发展的原因。绝大多数的外设接口或片内外设都是可编程的，其功能通过软件配置。无论片内的还是片外的外设接口，软件编程(包括初始化编程和工作编程两部分)方法几乎完全一样。无论片内还是片外的接口，其编程都是通过访问接口中的一些寄存器实现的，这些寄存器按存储数据的性质可分为三种：控制寄存器、状态寄存器和数据寄存器。控制寄存器是每个外设最重要的寄存器，它确定外设的工作方式，对外设初始化编程时必须要正确配置控制寄存器的每一位；状态寄存器主要提供给用户该外设的工作状态，用户可以通过查看该寄存器了解外设工作情况；数据寄存器保存外设与 CPU 交换的数据。多数 MCU 片内外设接口的寄存器端口一般映射在微控制器的数据存储区中，即采用统一编址(见 1.4.2 节)。对接口的某寄存器编程就像访问数据存储区某单元一样。由此可见，要使用某个片内外设，软件上要熟悉该片内外设三种寄存器的格式及地址；硬件上，比使用独立的接口芯片更为简单，只要关注微控制器对应的该外设的相关引脚的作用和连接方法即可。

片内外设接口的概念、原理、结构、使用等需要不断积累经验。例如，在单片机中熟悉了串行通信接口后，在 DSP 控制器中的串行通信接口原理、编程、硬件连接基本类似，很容易使用了。

图 2.1.1 仅仅是一个 MCU 的框架，不同微控制器各部分的内容细节差异可能会很大，使用微控制器时，查看其器件手册中给出的具体结构框架图，可以了解微控制器具备哪些资源可以为用户所用。

2.2 MCU 总线概念

由于数字系统的主要工作是信息传送和加工，系统各部件之间的数据传送非常频繁。因此，各功能部件之间不可能采用全各自互连的形式，为了减少内部数据传送线路和便于控制，就需要有公共的信息通道，组成总线结构，使不同来源的信息在此传输线上分时传送。采用总线结构方便数字系统各部件的模块化生产和设备的扩充，也促进了微计算机的普及。同时，制定了许多统一的总线标准，容易使不同设备间实现互连。

2.2.1 总线的定义和分类

总线(Bus)是构成数字系统的互连机构，是多个系统功能部件之间进行数据传送的公共通道。借助于总线连接，CPU 在系统各功能部件之间实现地址、数据和控制信息的交换或传送。连接到总线上的所有设备共享和分时复用总线。如果是某两个设备之间专用的信号连线，就不能称为总线。

根据总线所处的位置不同，总线可以分为以下几种。

(1) CPU 内部总线：CPU 内部连接各寄存器及运算器部件的总线。

(2) 微控制器内部总线：CPU 与微控制器内部功能部件之间的总线，有些微控制器内部甚至有多套总线提高数据吞吐量，如 TI 新一代的 DSP 芯片。

(3) 微控制器外部总线：微控制器与其外部存储器或接口之间的总线，多数微控制器引脚中直接包含了一套外部地址、数据和控制总线。

(4) 系统总线：又称内总线或板级总线、微机总线等，是用于微机系统中各插件之间信息传输的通路。这类总线基本是一些标准化总线，一般由国际上相关组织发布，在信号系统、电气特性、机械特性等多方面作了规范定义。例如，I^2C 总线、RS-232 和 485 总线、USB、CAN 总线、ISA 总线、EISA 总线、PCI 总线等。这些标准化总线仍然是在 CPU 指导下，使具有相关接口的器件间进行通信的，以后学习中会逐步遇到。

目前，微控制器芯片内部也集成了越来越多的标准化总线接口，如 I^2C、RS-232、CAN 等，方便微控制器与相同接口的设备之间进行通信。

根据总线每次通信的数据位数和控制方式的不同，总线又可以分为串行总线和并行总线，对应的通信方式为串行通信和并行通信。串行通信是一位一位传送数据信息的，需要的通信通道少，数据通信吞吐量不是很大，而且距离较远的通信则显得更加简易、方便、灵活，传输线成本低，目前采用串行通信的器件越来越多，如处理器、存储器、ADC、DAC 等。串行通信一般可分为异步模式和同步模式。并行通信是同时传送一字节、字或者更多位的信息，并行通信速度快、实时性好，但通信位数越多需要的传输线越多。

无论内部总线还是外部总线，根据总线上流动的数据性质和作用的不同，并行通信的一套总线根据流动的数据性质不同，一般包括数据总线(Data Bus，DB)、地址总线(Address Bus，AB)和控制总线(Control Bus，CB)三部分。

并行总线是所有与 CPU 传递信息的 I/O 接口和存储器"芯片"共享的，硬件上只要将芯片的数据、地址、控制引脚与 CPU 的对应总线相接即可。任何时刻只允许一个芯片占用总线与 CPU 通信，CPU 具体选择哪一个芯片工作，一般通过地址高位经译码电路的译码输出信号分别控制系统中各芯片的片选端实现(见图 1.4.3)。

2.2.2 微控制器总线结构

不同型号的 CPU 或微控制器芯片，其数据总线、地址总线和控制总线的道路宽度(即总线条数)不同。这些总线有的是单向传送总线，有的是双向传送总线。所谓单向总线，就是信息只能向一个方向传送，多数地址总线(AB)都是由 CPU 传出的单向总线。所谓双向总线，就是信息可以向两个方向传送，即可以发送数据，也可以接收数据，所有数据总线(DB)都是双向总线，CPU 既可通过 DB 从存储器或功能部件读入数据，也可以通过 DB 将数据送至存储器或功能部件。

图 2.2.1 示意了某一个微控制器内部总线，用于 CPU 连接片内各功能部件和存储器。微控制器与片外接口或存储器之间通信也有一套外部总线，多数微控制器引脚中直接包含了一套外部地址、数据和控制总线，个别微控制器地址或部分地址与数据总线分时复用端口引脚，这样就需要增加锁存器电路构成总线，如 8051 系列单片机。微控制器的外部总线一般是并行总线，目前采用串行总线的微控制器越来越多。

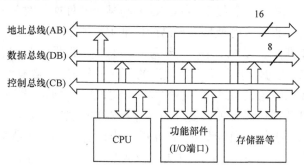

图 2.2.1　微控制器内部总线

地址总线(AB)上流动的二进制信息用于区分微处理器片内和片外的接口或存储器，好比区分酒店房间的门牌号，因此称为地址总线，是由 CPU 发出的信息，是单向的。设计好一个硬件系统后，存储器和功能部件的 I/O 端口都被地址译码电路编排好了固定的地址号码，CPU 是按地址访问这些设备的。地址总线的宽度决定了 CPU 的最大寻址能力。例如，图 2.2.1 中所示的地址线是 16 位宽度，说明该系统 CPU 最多可以区分 65536(2^{16})个存储器单元或 I/O 端口，16 位宽度可以访问的地址范围是 0～FFFFH。

数据总线(DB)的宽度决定了 CPU 和其他设备之间每次交换数据的位数，目前多数数据总线为 8 位、16 位和 32 位。图 2.2.1 中所示数据总线是 8 位的。所有输入数据到数据总线的电路必须具备三态特性，即不工作时要处于高阻态，且任何时刻总线上最多只能有一个设备与 CPU 通信。

控制总线(CB)用来传送控制信号、时钟信号、状态等信息。显然，CB 中的每一条线的信息传送方向是一定的、单向的，但作为一个整体则是双向的。例如，读写信号一定是 CPU 送出的，接口或存储器的状态信号一般是送给 CPU 的。所以，在各种结构框图中，凡涉及控制总线，一般以双向线表示。

最早的 PC 机 PC/XT 中的总线信号为 62 条，有 A、B 两面插槽，双边镀金接点。A 面 31 线(元件面)，B 面 31 线(焊接面，无元件面)。共有 20 位地址线，数据总线宽度 8 位，控制总线 26 位。总线工作频率 4MHz，数据传输率 4MB/s。另外还包括 8 根电源线。

总线的性能指标包括宽度、传输速率和时钟频率等。

总线宽度：数据总线的位数，如 8 位/16 位/32 位/64 位等。总线越宽，传输速度就越快，即数据吞吐量就越大。

总线传输速率：在总线上每秒传输的最大字节数(MB/s)或比特数(Mbit/s)。

总线的时钟频率：总线工作频率，是影响总线传输速率的主要因素之一，如 ISA(8MHz)、PCI(0～33MHz)等。

总线的性能直接影响到整机系统的性能，而且任何系统的研制和外围模块的开发都必须依从所采用的总线规范。总线技术随着微机结构的改进而不断发展与完善。

2.2.3　总线的基本结构

图 2.2.1 所示是总线的基本框架，当 CPU 不访问任何设备时，数据总线空闲，所有输入器件都以高阻态形式连接在总线上。当 CPU 要与某个器件通信时，一般先发出地址信息，所有挂在总线的器件如果收到的地址与自己的地址编号匹配，则根据控制信息再进行数据的传送。如果地址不匹配，器件不工作，继续让出总线，即保持数据总线为高阻状态。

挂在总线的设备，根据交换的大多数数据的流向来分类，一般有输入设备和输出设备。输入设备是指经 DB 总线给数字系统核心的部件如 CPU 送数据的设备，简单的如很多实验系统上都有的乒乓开关或拨码开关，复杂的如计算机的键盘和鼠标等。输出设备是指由数字系统核心经 DB 总线送数据到该设备，简单的输出设备有 LED 和数码管等，计算机系统的输出设备有显示器、打印机等。为了更好地交换信息，一些复杂的输入和输出设备数据流向是双向的。输入设备要将数据送到总线，其数据输出端必须具备三态特性，一般由三态门构成，这种特点的电路一般称为三态缓冲器。当该器件不通信时，数据输出端的三态门处在高阻状态，让出总线给其他设备通信。否则，如果该器件数据输出端始终输出逻辑 0 或 1，将造成总线的混乱，使得其他设备无法使用总线，这种现象称为总线竞争。

图 2.2.2 示意了一根 DB 总线的最底层结构，每个输入设备都必须经由三态门连接到数据总线上，当然实际应用中的三态门一般都集成在数字器件内部或者存储器芯片内部。假设图 2.2.2(a)中三个输入设备输入电路的最上面三态门的使能端 $\overline{E_1}$ 始终保持低电平有效，该三态门将始终输出 $\overline{A_1}$ 逻辑占用总线，造成其他两个三态门没法送出信息。图 2.2.2(b)是数据存储器内部 I/O 结构，是可以与双向数据总线通信的电路，当 $\overline{CS}$ 高电平时该存储器不被选中，输出三态门处于高阻态。当 $\overline{CS}$ 为低电平且 R/$\overline{W}$ 信号为高电平时，CPU 读数据三态门打开，将存储器数据送到数据总线；当 $\overline{CS}$ 为低电平且 R/$\overline{W}$ 信号为低电平时，CPU 写

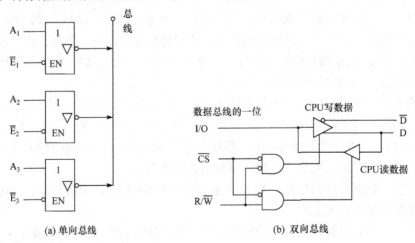

(a) 单向总线　　　　　　　　　　(b) 双向总线

图 2.2.2　三态门构成数据总线

数据三态门打开，将数据写入存储器。这仅仅是说明数据总线可以双向通信的一个例子。CPU 要送出数据到输出设备时，一般需要一个记忆电路来记忆和保存总线送出的数据，才能保证总线让出后，要输出的信息继续保持在输出设备上。这种记忆电路的基础就是触发器。

也就是说，无论单向还是双向总线，输入设备输入数据到 DB 必须经过三态逻辑门，而且任何时刻最多只能有一个三态门使能端有效，所有输入设备分时复用总线。图 2.2.3 所示是由三态门构成的单向总线，假设有 n 个设备通过三态门向 CPU 传送信息，图中的 n 个三态门使能端在任何时刻最多只能有一个是低电平有效，其他均无效。

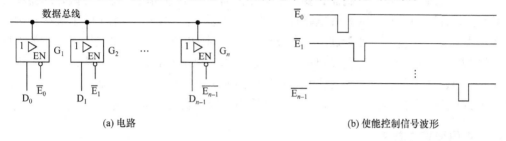

(a) 电路   (b) 使能控制信号波形

图 2.2.3　总线分时复用

一般数据总线宽度和微处理器位数相同，特别是内部总线。如果总线是 8 位的，则输入器件必须经过三态的八缓冲器接到总线上，如图 2.2.4 左边部分所示。缓冲器是一种常用器件，在使能端有效时将数据从其输入送到输出端，使能端无效时使其输出端保持高阻或"浮起"状态让出总线。在输入器件和总线之间提供隔离或"缓冲"作用，同时提供连接到缓冲器输出端器件所需的电流驱动。74LS244 是很常用的一种三态八缓冲器，I_{OH} 达 15mA，I_{OL} 高达 24mA。

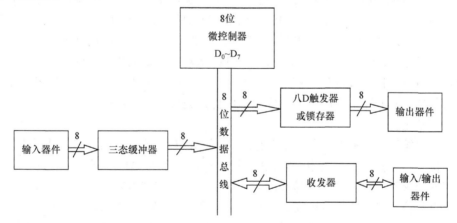

图 2.2.4　8 位微处理器与输入、输出器件的总线连接

对于微处理器系统的输出器件，一般需要锁存器或触发器寄存输出数据，如 74LS374 八 D 触发器。对于双向通信的器件，需要使用收发器(发送和接收)加强驱动能力，74LS245 是常用的收发器，如图 2.2.4 右下部分所示。

设计和使用总线时，需要注意总线要有足够的驱动能力；挂接在总线上的器件应使用总线隔离器，如内部包含三态门的三态缓冲器；总线不能以星形方式传输；要注意各类总线的速率范围，这会限制总线的物理尺寸；布线时应尽量避免总线长距离相邻走线，线与线之间应加入保护隔离地线，防止总线的串扰；要确保地址、控制和数据的时序关系正确等问题。

2.3　MCU 硬件最小系统

无论微处理器还是微控制器，要正常工作都需要外部电路的支持。使微处理器能够上电正常执行程序的最基本的硬件电路称为硬件最小系统。硬件最小系统除了最核心的微处理器芯片，一般还包括微处理器电源和复位电路、时钟电路、外部总线扩展电路等。目前的多数 MCU 都有 JTAG 仿真接口和总线。随着微控制器结构越来越复杂，上电后程序的获取或引导往往多种多样，上电后处理器到底如何由 PC 引导程序，一般还需要结合 MCU 的一些 I/O 引脚的电平取值。因此，在硬件最小系统中要特别注意这些 I/O 引脚的处理。

2.3.1　电源和复位电路

微控制器只有接上电源才能工作，电源电压依具体型号而定，芯片资料一般都会提供该参数。通常，采用 TTL 工艺制造的微控制器电源电压为+5V，采用 CMOS 工艺的电源电压范围较宽，为降低功耗，一般可接+3.3V 或更低，有些微控制器的 CPU 内核电压和片内外设及 I/O 等电压不同，如 TMS320F2812 内核电压为 1.8V，外设电压为 3.3V，有些 DSP 内核低于 1V。TI 提供了相应的专用电源管理芯片，不仅可以提供 CPU 和外设的不同电压需求，还可以识别供电电压幅值，在电压异常时采取相应措施，起到电路保护的作用。

任何一个微控制器都需要进行上电复位。上电复位主要完成处理器内部重要寄存器的初始化。例如，将程序计数器 PC 的内容初始化为器件手册中的值，这个值一般是 CPU 寻址范围的最低地址 0(例如，8051 单片机 PC 初始值为 0000H)或者较高地址(例如，TMS2812 复位后 PC 值为 0X3F FFC0)，保证复位后，PC 从对应地址的程序存储器中读取第一条指令并执行。所有微控制器复位后都禁止可屏蔽中断，以免因为上电过程中的各种干扰对外围控制对象造成不必要的影响。复位完全由硬件来完成，只有进行了正确的复位，控制器才能进入正常运行状态。

通常，微控制器都有一个复位引脚(假设称为 RST)，用于启动或再启动系统。一般按要求在复位引脚上提供一个高电平或低电平脉冲信号，不同的微控制器对 RST 有效电平及持续时间的要求不同，复位信号持续时间一般要大于微控制器复位时间的指标要求，才能使系统可靠复位。当微控制器接收到有效复位信号后，如果是热启动，复位 CPU 将停止正在进行的所有操作，退出一切程序进程，进行初始状态的配置，进入初始化状态。常见的高电平复位电路如图 2.3.1 所示。图 2.3.1(a)是不带按键的上电复位电路，上电瞬间，电容两端电压不能突变，电压全部加在了电阻上，RST 的输入为高，芯片被复位，随着电容充电，电阻上的电压即 RST 电压逐渐减小，复位结束后控制器进入工作状态，由于电路的时间常数 RC=1kΩ × 22μF=22ms，一般微控制器复位时间为 ns 数量级，电路足以满足复位时间要求。图 2.3.1(b)是在电容两端并联了一个复位按键 RESET，以实现手动加上电复位。

当复位按键没有被按下时可以实现上电复位。在芯片工作中,按下按键之前,RST 的电压是 0V,当按下按键后 RST 电压值处于高电平复位状态,松开按键后的过程与上电复位类似。由于按下按键的瞬间,电容两端的 5V 电压会被直接接通,会有一个瞬间的大电流冲击,会在局部范围内产生电磁干扰,为了抑制这个大电流所引起的干扰,最好在按键支路串入一个小电阻限流,如图中的 R_1。这种复位电路的好处是程序跑飞或死机时,可通过手动操作按键提供一个复位信号,避免了仅有上电复位时需要频繁开关电源的问题。

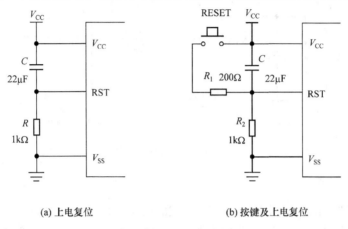

(a) 上电复位   (b) 按键及上电复位

图 2.3.1   常见高电平复位电路

当复位完成后,微控制器根据程序计数器 PC 的初始值,会重新从程序存储器中读取第一条指令开始执行。不同 MCU 在 PC 所指单元存放信息的方式不同,要么是在 PC 所指的地址单元存放一条无条件转移指令的代码,要么直接存放用户目标程序第一条指令所在的地址,用户要根据 MCU 要求的方式处理 PC 复位后初始单元的存放内容,CPU 才能去执行用户程序。目前多数微控制器出厂时片内都固化了引导程序或引导加载程序(BootLoader)。复杂的微控制器的 BootLoader,往往要与几个控制器的 I/O 引脚的电平高低配合,使得系统可以有多种程序引导方式,换句话说,用户程序可以存储在多个不同地方。若微控制器片内无 BootLoader 或启动程序时,可直接转移到用户程序。

搞清楚复位后各种特殊寄存器的值,特别是 PC 或 IP 寄存器的初始值,关系到程序从何处引导的问题。所有处理器器件手册中都会有复位后各种寄存器的初值。

2.3.2   时钟电路

微处理器硬件电路实质上就是一个复杂的时序电路,所有工作都是在时钟节拍控制下,由 CPU 根据程序指令指挥 CPU 的控制器发出一系列的控制信号完成指令任务。由此可见,时钟犹如微处理器的心脏脉搏,它控制着微处理器的工作节奏,时钟频率是 MCU 的一个重要性能指标。所有微处理器工作时都必须提供时钟信号,多数 MCU 片内一般都集成有振荡电路,这种微控制器的时钟信号一般有两种产生方式:一种是利用芯片内部振荡电路产生;另一种是由外部引入。如果处理器内部无振荡电路,只能由外部引入时钟。微处理器和可编程逻辑器件的时钟一般都来源于石英晶体振荡器。

有些微控制器内部有锁相环电路,可通过软件倍频或分频调节 CPU 和外设的实际运行速度，如 MSP430、TMS320C2000 等系列的微控制器。但一定注意：最终提供给微处理器的时钟频率都不允许超过器件手册给定的极限值，超频即使能工作，也会造成工作不稳定、发热等问题。

微控制器与时钟有关的引脚一般有两个：XTAL1(或者 X1、XCLKIN 等，不同处理器器件手册叫法不同)和 XTAL2(或 X2)。也有微控制器有三个时钟引脚，将 XCLKIN 单独作为一个时钟输入引脚。两种产生 MCU 时钟的常见电路如图 2.3.2 所示，下面分别介绍。

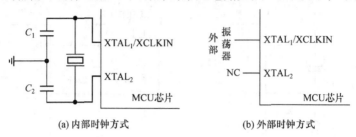

(a) 内部时钟方式　　　　　　　　(b) 外部时钟方式

图 2.3.2　常见时钟电路

1. 内部时钟方式

利用微处理器内部振荡电路，在 XTAL1 和 XTAL2 两个引脚之间外接一个晶体和电容组成谐振回路，构成自激振荡，产生时钟脉冲，如图 2.3.2(a)所示。内部时钟方式一般采用无源晶振，两侧通常都会有电容 C_1 和 C_2，一般其容值都选为 10～40pF，如果手册中有具体电容大小的要求则要根据要求来选电容，如果手册没有要求，20pF 是比较好的选择，这是一个长久以来的经验值，具有极其普遍的适用性。

在设计 PCB 时，晶体或陶瓷谐振器和电容应尽可能靠近微控制器芯片安装，以减少寄生电容，更好地保护振荡电路稳定可靠地工作。此外，由于晶振高频振荡相当于一个内部干扰源，所以晶振金属外壳一般要良好接地。

2. 外部时钟方式

外部时钟方式是把外部已有的时钟信号直接接到微处理器时钟 XTAL1 或 XTAL2 引脚，如图 2.3.2(b)所示。MCS-51 系列单片机生产工艺有两种，分别为 HMOS(高密度短沟道 MOS 工艺)和 CHMOS(互补金属氧化物的 HMOS 工艺)，这两种单片机完全兼容。CHMOS 工艺比较先进，不仅具有 HMOS 的高速性，还具有 CMOS 的低功耗。因此，CHMOS 是 HMOS 和 CMOS 的结合。为了区别，CHMOS 工艺的单片机名称前冠以字母 C，如 80C31、80C51 和 87C51 等。不带字母 C 的为 HMOS 芯片。

由于 HMOS 和 CHMOS 单片机内部时钟进入的引脚不同(CHMOS 型单片机由 XTAL1 进入，HMOS 型单片机由 XTAL2 进入)，其外部振荡信号源的接入方法也不同。HMOS 型单片机的外部振荡信号接至 XTAL2，而内部的反相放大器的输入端 XTAL1 应接地。在 CHMOS 电路中，因内部时钟引入端取自反相放大器的输入端 XTAL1，故外部信号接至 XTAL1，而 XTAL2 应悬空。图 2.3.3 所示为一个 CHMOS 型 51 单片机外部时钟产生电路。外部时钟方式常用于多片单片机同时工作，以使各单片机同步。对于内部无振荡器的微处理器，必须使用外部时钟方式。由于单片机内部时钟电路有一个二分频的触发器，所以对外部振荡信号的占空比没要求，但一般要求外部时钟信号高、低电平的持续时间应大于 20ns。

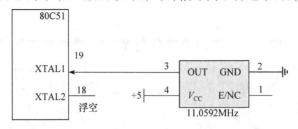

图 2.3.3　CHMOS 型 MCS-51 单片机外部时钟方式

　　如果需要对其他设备提供时钟信号，简单易行的方法是在时钟引脚取出信号，经过施密特触发器，如 74LS14，不仅可以整形得到矩形波，而且提高了驱动能力。

2.3.3　总线扩展接口

　　微控制器与片外的外设或片外存储器一般也需要通过数据总线、地址总线和控制总线相通信。有些微控制器对外直接提供这三种总线，甚至片内还包含了存储器扩展接口电路，提供片选信号、读写和各种控制信号。例如，TI 的 C2000 控制器，这样很容易与片外的设备连接。但对某些微控制器而言，其地址总线与数据总线是复用的，即数据和地址在同一个总线上分时传输，先发送地址，再发送数据。这种情况下，在与外设相连接前，需要进行数据和地址的分离，Intel 8051 系列单片机就属于这一类。

　　分离可通过外部连接一片锁存器来实现。这种地址数据复用引脚的微控制器都有一个地址锁存信号(ALE)，在送出地址后有效。利用一片锁存器，如 74LS373 或 74LS573，在 ALE 的控制下，对微控制器送出的地址进行锁存，从而在锁存器的输出端得到地址信息。之后，ALE 信号无效，当微控制器再传输数据时，就不会影响地址信息，实现了数据和地址总线的分离，Intel 8051 地址总线的形成具体电路见 2.3.5 节。

2.3.4　JTAG 接口

　　JTAG 是英文 "Joint Test Action Group"(联合测试行为组织)的词头字母的简写，该组织成立于 1985 年，是由几家主要的电子制造商发起制定的 PCB 和 IC 测试标准。于 1990 年被 IEEE 批准为 IEEE 1149.1—1990 测试访问端口和边界扫描结构标准。该标准规定了进行边界扫描所需要的硬件和软件。自从 1990 年批准后，IEEE 分别于 1993 年和 1995 年对该标准进行了补充，形成了现在使用的 IEEE 1149.1a—1993 和 IEEE 1149.1b—1994。JTAG 技术是一种嵌入式调试技术，它在芯片内部封装了专门的测试电路测试访问口(Test Access Port，TAP)，通过专用的 JTAG 测试工具对内部节点进行测试，JTAG 测试允许多个器件通过 JTAG 接口串联在一起，形成一个 JTAG 链，能实现对各个器件分别测试。JTAG 主要应用于电路的边界扫描测试和可编程芯片的在线系统编程。

　　如今大多数比较复杂的器件都支持 JTAG 协议，如 MCU、DSP、FPGA 等器件。JTAG 接口的连接主要有 10 针、14 针和 20 针几种标准。但主要包括 4 线：TMS、TCK、TDI、TDO，分别为测试模式选择、测试时钟、测试数据输入和测试数据输出。JTAG 具体电路一般在微控制器的器件手册中会提供。

2.3.5 MCS-51系列微控制器的最小系统

MCS-51是Intel公司生产的一个微控制器系列,属于这一系列的微控制器尽管有多种,但其内部结构基本相同,片上模块主要包括CPU、数据存储器(RAM)、程序存储器(ROM/EPROM)、4个并行的8位I/O口(P0口、P1口、P2口、P3口)、串行口、定时/计数器、中断系统及一些特殊功能的寄存器。不同型号间的主要区别在于存储器容量、定时/计数器及中断源个数。图2.3.4为MCS-51系列微控制器的最小应用系统。

系统电源V_{CC}一般接+5V。但对于一些采用CMOS工艺制造的MCS-51系列微控制器,如80C51,供电电压可为1.8~3.3V。

MCS-51系列微控制器内部有振荡电路,引脚XTAL1和XTAL2分别为片内振荡电路的输入和输出引脚。使用时,可在这两个引脚直接外接定时元件,一个晶振和两个10~40pF的电容,当系统上电后,振荡电路就会起振,为系统工作提供需要的时钟。另外,也可以利用一个有源晶振作为时钟源直接提供给XTAL1引脚作为系统时钟。MCS-51系列微控制器的时钟频率为1.2~12MHz。Atmel公司生产的基于8051核的微控制器,如AT89C51的时钟频率可达24MHz。

MCS-51系列的微控制器为高电平复位,正脉冲的宽度要求至少为24个时钟周期(即晶振周期)。

图2.3.4中所示的复位电阻和电容为经典值,实际使用时也可以用同一数量级的电阻和电容代替,只要满足正脉冲宽度的要求即可。MCS-51系列微控制器复位后程序计数器被清零,因此,当复位完成,再重新启动时,微控制器会从程序存储器的0000H单元取第一条指令开始执行。

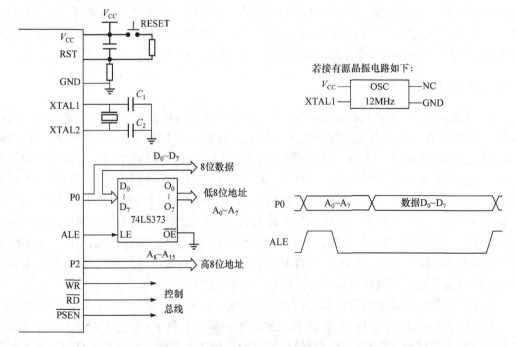

图2.3.4 MCS-51系列微控制器最小系统

MCS-51 系列微控制器对外可提供 8 位宽度的数据总线和 16 位宽度的地址总线,因此,具有 64KB 的寻址能力。其地址的高 8 位由 P2 端口提供,地址低 8 位则由 P0 端口数据/地址总线分时复用的方式来提供。因此,使用时需要在片外利用锁存器进行地址和数据的分离。微控制器读取到访问外部存储器或接口的程序时,微控制器的译码和控制单元会自动产生图 2.3.4 右侧所示的 P0 与 ALE 时序关系,由 P0 口先送出低 8 位地址 $A_0 \sim A_7$,同时,在 ALE 引脚送出一个高电平脉冲信号,ALE 高电平期间 74LS373 的输出端跟随其输入变化,地址稳定后利用 ALE 的下降沿将 8 位地址锁存到 74LS373 的输出端,构成地址总线的低 8 位 $A_0 \sim A_7$。之后,P0 端口则作为双向的数据总线 $D_0 \sim D_7$,数据传送时,ALE 始终为低电平,锁存器输出端的地址信号不受影响。可见,利用 ALE 信号和锁存器便可实现数据和地址的分离。形成如下的地址、数据和控制总线。

地址总线(AB):P0 端口经锁存器提供低 8 位地址 $A_0 \sim A_7$,P2 端口提供地址总线的高 8 位 $A_8 \sim A_{15}$,宽度为 16 位,则片外可扩展存储器的最大容量为 2^{16}=64KB,地址范围为 0000H~FFFFH。时序图中,单个的信号一般用具体高低电平画,表示多根数据或地址信息时,一般用图 2.3.4 中 P0 的表示方式,不必画出具体多根地址或数据线中的每一根信息的高低电平,图中 P0 的 X 符号表示总线上某些数字信号的电平发生变化,其他时段表示数据稳定。

数据总线(DB):数据总线是由 P0 口(分时复用)提供的,宽度为 8 位。

控制总线(CB):MCS-51 系列的控制总线是 CPU 输出的一组控制信号。除了上述的 ALE 信号,对外还提供有读($\overline{RD}$)和写($\overline{WR}$)数据存储器的控制信号以及专门用于片外程序存储器选通的使能控制信号($\overline{PSEN}$)。通过这些控制信号可对外设及片外存储器进行读写操作。由于提供了 $\overline{PSEN}$ 和 $\overline{WR}$、$\overline{RD}$ 区分访问程序和数据的控制信号,因此,片外程序存储器和数据存储器是哈佛结构,地址完全重叠。MCS-51 单片机对存储器和 I/O 端口采用了统一编址方式,即 I/O 端口地址与外部数据存储单元地址共同使用 0000H~FFFFH(64KB)空间。

与 MCS-51 上电程序引导有关的有一个引脚(31 号引脚 $\overline{EA}$),当 $\overline{EA}$=0 低有效时 CPU 由外部程序存储器的 0000H 单元开始读程序。当 $\overline{EA}$=1 时,则由片内程序存储器的 0000H 单元开始读程序。因此,用户进行硬件设计时,需要根据系统中用户程序所存储的位置处理该引脚的逻辑电平,以便正确获取程序。

随着 IC 企业大学计划项目的大力推广,很多 IC 厂家的网站上都会提供很多处理器的资料,甚至其最小系统原理图。

2.4 CPU 中断概念

"中断"顾名思义,就是中止了正在进行的工作过程去处理另一事务,处理之后再继续原来的工作过程。中断在生活中也无处不在,例如,工作中来电话、课堂中的举手发言等。中断是计算机中的一个十分重要的概念,在微控制器中也毫无例外地采用了中断技术。本节介绍中断的概念以及实现过程。

2.4.1　CPU 与外部的数据通信方式

微控制器与外部设备的数据通信一般有 CPU 直接控制和间接控制两种方法,即一是通过 CPU 控制来进行数据的传送;二是在专门的芯片或控制器控制下进行数据的传送。直接存储器存取(Direct Memory Access, DMA)就属于第二种,DMA 方式只是 CPU 让出总线控制权,允许外部设备和存储器之间直接读写数据,是一种高速的数据传输操作,这种方式既不通过 CPU,也不需要 CPU 干预。整个数据传输操作在一个称为"DMA 控制器"的控制下进行,数据传输结束 CPU 收回总线控制权,在 DMA 数据传输过程中 CPU 可以进行其他无须使用总线的工作。这样,在大部分时间里,CPU 和输入/输出都处于并行操作,使 CPU 的效率大为提高。MSP 系列产品以及 TI 部分 DSP 中都集成了 DMA 控制器。计算机软盘、硬盘、打印机等和存储器之间的数据交换一般都采用 DMA 方式。DMA 技术的弊端是独占总线。这在实时性很强的嵌入式系统中将会造成中断延时过长。这在军事等系统中是不允许的。

CPU 直接控制进行数据的传送方式有中断方式和程序查询方式。中断的概念就好比上课时,主讲老师允许有问题的学生课堂中可以举手中断老师讲课进行讨论,如果举手的人多,老师还可以规定优先级,老师将正在讲的话讲完后,与优先级最高的学生进行讨论,这种方法可以实时地解决学生存在的问题。程序查询方式就是老师讲完一个概念后,一一问询学生是否有问题,查询方式的控制是 CPU 按用户程序顺序执行的。显然中断方式大大提高了沟通效率。计算机也是一样,如打印输出,CPU 传送数据的速度高,而打印机打印的速度低,如果不采用中断技术,CPU 将经常处于等待状态,效率极低。而采用了中断方式,CPU 可以进行其他的工作,只在打印机缓冲区中的当前内容打印完毕发出中断请求之后,才予以响应,暂时中断当前工作转去执行继续向缓冲区传送数据,传送完成后又返回执行原来的程序。这样就大大地提高了计算机系统的效率。

"中断"主要是外设或系统请求 CPU 中止或断开正在运行的程序,使 CPU 暂时与外设之间进行沟通,即执行由用户编写的中断服务程序。一般来说,外设与 CPU 是两个可以并行运行的实体,而 CPU 与外设之间的关系只是单纯地进行数据交换。在原则上,CPU 和外设之间是主从关系,CPU 可以主动发起向外设的访问,而外设则不能干预 CPU 的运行。但是,中断机制使得外设能够主动向 CPU 报告其运行状态,不过这种由外设主动报告的机制被设计成"请求-应答"方式,即外设的请求是否被受理的最终决定权在 CPU。中断机制使得 CPU 可以从大量的查询外设状态的工作中解脱出来,它仅在外设发出中断请求的时候对外设的运行状态进行控制或者对生成的数据进行处理。

中断的作用可以总结为:①并行操作,使 CPU 与外设并行工作,特别是慢速外设可以多个同时工作,提高系统工作效率;②实现实时处理,在控制系统中,用中断方式可以快速处理外设随机的要求;③故障处理,系统出现故障时,提出中断申请,微处理器可以及时响应处理故障。

2.4.2　查询和中断

在查询方式下,CPU 需要主动地不断循环检测每一个外设,看其是否提出了服务的请求。通常,一个外设接口,如串行接口内部寄存器中会有一个标志位,用于表示外设是否有服务的请求提出，CPU 可通过数据总线读取该位的信息以查询外设的需求，如图 2.4.1 所示。

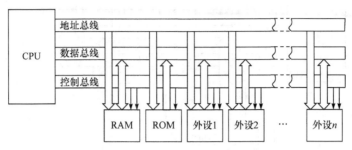

图 2.4.1　查询方式

很多情况下，外设提出的服务请求是不定时且没有规律的，因此，CPU 往往需要以最快的速度进行查询。例如，某个外设通常每 100ms 提出一次服务申请，但有时又需要每毫秒一次，于是 CPU 必须按照每毫秒一次的查询速度，才能保证每次的请求都得到响应。很显然，在这种方式下，CPU 大部分时间做了无用功。

查询方式的另一个问题是，当多个外设同时提出服务申请时，只能按照先查询先服务的方式进行。查询外设的顺序即是被服务的顺序，不管需求变得如何紧迫。可见，查询方式较适合于外设请求有规律、可预测且不考虑优先级的情况。

中断一般分为可屏蔽中断和不可屏蔽中断。将提出中断请求的事件或设备称为中断源，可屏蔽中断，就是它对应的中断源可以由软件允许或禁止中断，即通过设置中断允许寄存器屏蔽某些中断，使 CPU 对其请求不作响应和处理。不可屏蔽中断就是软件无法屏蔽的中断。所有处理器对其中断都有中断优先级别排队，不可屏蔽中断优先级比可屏蔽中断高。有些处理器还有软件中断，即通过中断指令实现中断过程，只要执行该指令就执行中断，无须中断请求线。

微处理器系统都有中断嵌套的处理机制，即当 CPU 正在处理优先级较低的一个中断源的中断服务程序，若又来了优先级更高的一个中断请求时，CPU 会停止优先级低的中断处理过程，去响应优先级更高的中断请求，在优先级更高的中断处理完成之后，再继续处理低优先级的中断，这种情况即为中断嵌套，体现优先级的特性，使重要事情的实时性更高。

显然，中断方式克服了查询方式的上述缺点。中断方式要求 CPU(或中断控制器)与设备之间有相应的中断请求线，当设备需要 CPU 服务时通过中断请求线发出有效请求信号，CPU 在接收到中断请求信号并允许执行服务时，就停止当前的工作，转去为外设提供服务。

图 2.4.2 所示为 CPU 中断方式，中断的处理由一个可编程中断控制器(Programmable Interrupt Controller，PIC)来管理(微控制器的中断控制器都集成在微控制器芯片内部)。由 PIC 接收所有外设的中断请求，并判别中断的优先级。当有外设申请中断时，PIC 向 CPU 的中断请求引脚 INTR 提供一个有效请求信号，如果 CPU 允许中断，则通过 $\overline{\text{INTA}}$ 引脚向 PIC 发出一个中断应答信号，并暂停当前正在执行的主程序(处理器上电后开始执行的程序

一般称为主程序)，转去执行中断服务程序。

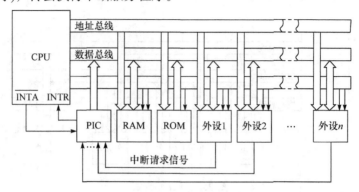

图 2.4.2　CPU 中断方式

简单来讲，中断就是由于软件的或硬件的信号，使得 CPU 放弃当前的任务，转而去执行另一段子程序。可见中断是一种可以人为参与(软件中断)或者硬件自动完成的，使 CPU 发生的一种程序跳转。中断方式使得外设能够主动向 CPU 报告其运行状态。不过这种由外设主动报告的机制被设计成"请求-应答"方式，外设的请求是否被受理的决定权仍在 CPU。

中断方式使 CPU 从大量的查询外设状态的工作中解脱出来，而专注于处理主程序要求的任务，仅在外设发出中断请求时才对外设请求的事务进行处理，因而提高了微处理器处理外部事件的能力和效率。因此，中断方式是微控制器系统中必不可少的外设管理机制。

2.4.3　中断的响应过程

一般处理器中断的产生过程有以下几个基本步骤。

(1) 中断申请。硬件或软件向 CPU 发出中断申请。

(2) 中断的允许。对于可屏蔽中断，只有相应的中断允许位置位后其中断才能得到响应(一般是用户软件处理)。所有处理器上电后都是禁止可屏蔽中断的，用户软件必须编程允许中断。有些处理器一旦响应中断，就会自动再次禁止可屏蔽中断，如果是这种情况，在中断服务程序中必须再次允许中断，否则只能中断一次。

(3) 中断判优。当同时有多个中断向 CPU 发出中断申请时，只有优先级高的才能得到系统的响应(多数微控制器内部有优先级排队判优电路，用户无法设置)。

(4) 中断检测。当中断允许时，CPU 在每条指令的最后一个时钟周期检测中断请求(不同处理器检测时刻可能不同，都是 CPU 自动处理的，用户不必关心)。

(5) 保护断点并获取中断入口地址。CPU 响应中断时，会停止当前执行的程序，转去执行中断服务程序，原程序被打断的地方称为"断点"，所有微处理器执行中断前都会自动地将程序指针 IP 或者 PC 中的断点地址(要执行的原程序的下一条指令地址)存储到一个称为"堆栈"的存储区域，让出 IP 或者 PC 装载中断程序地址，并方便中断程序处理结束后，返回原程序执行下一条指令。每个处理器在其存储区域中都规定了一个中断向量表(或者叫中断矢量表)，不同级别的中断在向量表中都对应一个存储位置，在这个位置上用户要事先存放好中断服务程序所在的入口地址或者存放一条跳转指令，跳转到中断服务程序入口，不同处理器的方法不一样，具体是存中断入口地址还是跳转指令(都称为中断向量)由处理器数据手册决定。处理器在中断服务程序入口地址或跳转指令引导下执行中断服务程序。用户只需要在执行程序之前将对应中断的中断向量存入中断向量表即可。

(6) 中断程序中保护现场。"现场"是指执行原程序所用到的相关状态寄存器、累加器等资源，如果中断服务程序也要用到，就必须要在中断服务程序开始部分保护寄存器内容，一般都是保存到堆栈中，在中断服务程序最后要恢复现场，以便返回后不影响原程序执行结果。有些微控制器一旦进入中断就会自动禁止所有可屏蔽中断。因此，为了中断能够嵌套，在每个中断服务程序开始处要允许可屏蔽中断。

多数处理器一旦响应中断，产生中断请求的状态标志位会自动清 0，下次状态位置 1 则可以再次申请中断。也有个别处理器需要用户软件清除标志位，如果是这种情况，在下面的中断返回指令前就必须要用软件清楚标志位，否则可能会引起多次中断响应。

(7) 中断返回。中断服务程序最后要有一条中断返回指令，该指令自动从堆栈中恢复断点地址给 IP 或者 PC，继续执行原来的程序。

图 2.4.3 是处理器执行中断的示意图。3.5.3 节的中断流程图可以进一步帮助读者理解中断过程。

微处理器的中断管理一般需要一个专门芯片(PIC)进行中断控制，例如，早期计算机 Intel 8088 CPU 使用了可编程中断控制器 8259A。而微控制器内部一般包含中断管理机制，硬件上无须用户设计中断电路。

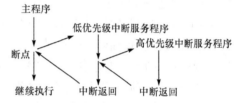

图 2.4.3　具有中断嵌套的中断示意图

对于任何微控制器的可屏蔽中断源要能正常中断，在软件和硬件上要清楚三个问题：①硬件上中断源是否可以产生有效的请求信号；②软件是否允许中断，一般指中断源、中断管理机制的中断允许寄存器、CPU 总的可屏蔽中断这三级屏蔽是否编程允许中断；③中断向量表是否处理正确。任何一点有问题都不能进入中断服务程序。

2.5　微控制器建议学习方法

随着微电子技术和制造技术的发展，集成电路不断朝着 SOC(System on a Chip)的方向发展。各种微处理器芯片的功能也越来越多，内部结构越来越复杂，这使得基于微控制器的系统设计越来越容易，而掌握和使用微控制器本身却变得越来越难。因此，总结推荐一点学习 MCU 的方法。

对于微控制器类课程的学习，一定要清楚学习的目的是"用"，这是学习这类课程的窍门。有学生常常会说：我单片机课程都上了无数回了，可就是不会用。这种说法就体现了方法的错误。本书希望给学生一套掌握 MCU 的通用的基本方法，并通过某一微控制器的实践训练，锻炼和提升软硬件设计及调试等基本功。使用任何一款微控制器都可以遵循以下方法。

(1) 学会查找资料。微控制器的发展日新月异，大家在科研中或者走向工作岗位时可能会用到完全不熟悉的芯片。因此，要学会利用丰富的网络资源，得到需要的技术参考资料甚至典型应用的相关源码。学习微控制器的网站有很多，例如，学习单片机 http://www.zsgbailin.com，控制器芯片厂家的官方网站等。搜索网站也能找到一些问题的答案。许多常用中小规模芯片资料可在 http://21ic.com 和 http://www.icminer.com 等网站得到。

(2) 学会看资料。几乎所有微控制器原始技术文档都是多个很大的英文 PDF 文件，如何看庞杂的技术文档也有一定的技巧。如果是一般了解，只需要看资料的结构框架以及框架前后很短的一段总结性文字描述，看懂了结构框架基本就掌握了其特点。经常看见学生学习处理器课程时，对教材的阅读是斟字酌句认真精读，这种阅读方法体现出忘记了"用"这一学习目的。实践是检验真理的唯一标准，看资料和教材的目的是会用每个模块即可，无须清楚 MCU 的所有资料或教材的每字每句在说什么，也就是说，要带着"用"的任务去看资料。否则对于复杂的 DSP 器件，每个器件十几个 Datasheet(数据手册)PDF 文件，每个 PDF 文件好几百页，要看完所有资料再去用它，简直无法想象。如果要使用某个芯片，就需要仔细学习其 CPU 结构、存储器配置、程序引导方式以及最小系统支持模块等基础内容。

(3) 熟悉一款开发软件。所有微控制器的开发都需要相应的开发软件及仿真环境，不同公司处理器的开发软件人机界面都很相近，如 Keil、CCS 等。它们都包含工程文件的管理、程序编辑、软件调试等最基本的功能。

(4) 尽快动手。对于任何 MCU 类课程，学习中一般都提供硬件平台，要尽早熟悉硬件实验平台上的资源以及原理图，并动手编写程序去控制它们，哪怕只是编写一个最简单的跑马灯实验，也就熟悉了最基本的软硬件平台。在此基础上，可以不断增加其他功能。微处理器课程要边学边练，千万不能学完课程所有内容才开始动手。

(5) 不用的片内外设无须关注。MCU 的片内外设越来越多，如 TIC2000DSP，之前的教材用了很大篇幅来介绍片内外设的结构、原理以及使用方法。对于暂时不使用的片内外设，读者无须了解其结构和原理，只需关注要使用的片内外设资源即可。

(6) 软、硬件设计及系统调试。熟悉所用微控制器的 CPU、存储器配置、最小支持模块以及需要使用的片内外设，然后进行软、硬件设计。所有微控制器系统的硬件设计技能几乎一样，掌握了任一个微控制器的硬件开发经验，其他任何处理器硬件开发都会很容易，而且目前多数 MCU 厂家都有校企合作的"大学计划"部门，资料也越来越开放，不仅提供 MCU 器件使用的硬件原理图，还提供很多应用的工程文件。例如，TI 的 DSP 开发，在 www.ti.com 网站的 Application Notes、user guides 中，可以得到许多想要的资料。而软件开发需要了解微控制器结构、存储器配置、程序引导方式等细节内容，而且编程和软件调试技能需要花费大量的时间不断训练。

(7) 学习微控制器最重要的一步就是亲自动手。在动手过程中常常会遇到意想不到的故障，学生往往在此时会急躁而乱了手脚。实际上，实验中遇到问题是件好事，它提供了一个非常好的提升动手能力的机会，此时应该调整心态、冷静思考，由现象分析故障，定位故障，最后解决故障。如果能够养成一个良好的独立解决问题的习惯，就能在实验中大有收获，才能积累软、硬件设计技能，提高科学研究水平。

掌握了上述基本功，学会任一款 MCU 的使用就不是问题。

当然，不同的微控制器有着不同的硬件特征和软件特征，硬件特征取决于芯片的内部结构。用户要使用某种微控制器，必须了解该产品是否满足需要的功能和应用系统所要求的特性，如功能特性、控制特性和电气特性等，这些信息需要从生产厂商的技术手册中得到。软件特征是指指令系统特性和开发支持环境。指令系统特性即微控制器的寻址方式、数据处理和逻辑处理方式等。开发支持环境包括指令的兼容及可移植性。因此，要利用某个型号的微控制器开发应用系统，还需要掌握其结构特征和技术特征等细节内容。

思考与习题

2.1　微控制器内部结构一般包含哪些部分？每一部分的作用是什么？

2.2　MCU 的片内外设接口其软、硬件与外部独立外设接口的异同点是什么？片内集成外设接口有什么好处？无论片内的还是片外的外设接口，一般具有哪三种性质的寄存器？要控制这些接口的工作方式需编程控制哪个性质的寄存器？

2.3　为什么微处理器都采用总线结构进行数据通信？

2.4　一个微控制器硬件最小系统一般包含哪些部分？这些部分的作用是什么？

2.5　CPU 与外部的数据通信方式有哪些？

2.6　中断的好处是什么？论述中断的响应过程。

第3章 软件系统和编程语言

基于CPU的电子设备的优点是能够提供一个灵活的工作模式,可以通过修改软件改变系统的操作方式。CPU犹如人的大脑,软件系统像大脑的思维与神经系统,指挥系统的硬件工作。如果说硬件是物质基础,软件则是灵魂。实现软硬件有机结合,协同工作,是开发这些电子设备的前提。

3.1 软件系统简介

软件包含整个电子系统工作时所需要的各种程序、数据及相关文档资料,为设备的有效运行和特定信息处理提供全过程的服务。软件系统一般可分为系统软件和应用软件。

系统软件是指专门为了发掘或测试硬件功能,减少用户对硬件的依赖程度等而编制的软件程序。系统软件主要起到调度、监控和维护硬件系统的功能。它主要负责管理系统中各种独立的硬件,使它们可以协调工作,同时使用户不需要顾及底层每个硬件的工作情况,而是把整个系统当作一个整体来看待。一般来讲,系统软件包括操作系统和一系列基本的工具软件,如文件系统管理、用户身份验证、驱动管理、故障检查和诊断程序等。

应用软件泛指为了某种特定的用途而被开发的软件。它可以是一个特定的应用程序,如一个图像浏览器;也可以是一组功能联系紧密,可以互相协作的程序的集合,如微软的Office软件等。可见,应用软件面向用户,直接为用户提供服务。

软件需要借助于具体的语言来编写。编程语言(又称计算机语言)通常是一个能完整、准确和规则地表达人们的意图,并用以指挥或控制硬件系统工作的"符号系统"。相对于最底层的硬件系统而言,编程语言有三个不同层次,如图3.1.1所示,分别为机器语言、汇编语言和高级语言。

图 3.1.1　编程语言的结构层次

3.2 机 器 语 言

机器语言是用二进制代码表示的、CPU能直接识别和执行的一种机器指令的集合。一条指令是用0和1组成的一串代码,它们有一定的位数,并分成若干段,各段的编码表示不同的含义,因此也称为二进制代码语言。机器指令与CPU有着密切关系,通常,不同的

CPU 对应的机器指令也不同。但同一系列的 CPU 指令集常常是向下兼容的，如 Intel 80386 指令包含了 Intel 8086 的指令集。机器语言是微处理器可执行的最终代码，汇编语言或高级语言编写的程序最终都必须翻译为二进制机器语言，CPU 才能识别并执行。机器语言通常由操作码和操作数两部分组成：

操作码	操作数

操作码：告诉 CPU 该条指令的操作性质及功能，是运算还是传送操作，是转移操作还是停机等待操作等，一条指令必须有操作码字段。按指令操作的性质，可将其分成不同的类型，一般有传送类指令、算术运算类指令、逻辑运算类指令、控制类指令等。操作码是指令的必需部分，不同处理器操作码的编码方式不同，如果某 CPU 操作码只有 2 位，说明该 CPU 最多只有 4 种功能的指令。多数 CPU 操作码一般不超过 1 字节。

操作数：指明了参加指令操作的数据或者数据所在的单元地址信息。这部分是可选项。根据操作码、数据长度以及操作数寻址方式(寻找指令所用操作数的方式)不同，操作数一般为 0～5 字节。

例如，要将一个立即数 20H(指令要操作的数据直接出现在指令操作数部分就叫立即数)传送给 CPU 的累加器，不同处理器机器指令如下：

Intel 8085   00111110 00100000
Intel MCS-51   01110100 00100000
Motorola M68HC08   10100110 00100000

可见两种处理器对应的机器指令虽然都是两字节，但是操作码的编码不同。有些处理器可能还没有直接传送数据给累加器的指令。例如，TI 超低功耗 16 位单片机 MSP430。显然，针对某 CPU 编写的程序是不能移植到另一种类型的 CPU 上执行的。

机器语言的特点是：计算机可以直接识别，不需要进行任何翻译。每台机器的指令，其格式和代码所代表的含义都是硬性规定的，用户不能随意更改，故称为面向机器的语言，也称为机器语言。它是第一代计算机语言。机器语言对不同型号的计算机来说一般是不同的。

要使用机器语言编程，必须了解处理器操作码各位不同 0、1 组合所表示的指令功能是什么，编程工作会十分烦琐。而且机器指令全是 0 和 1 组成的指令代码，可读性差，容易出错，不便于交流与合作。同时，机器语言依赖于具体的计算机，可移植性差，重用性差。现在除了计算机生产厂家的专业人员，程序员已经不使用机器语言编写程序了。

3.3 汇 编 语 言

汇编语言是利用与机器语言代码实际功能含义相近的英文缩写词(常称为助记符)、字母、数字等符号来取代指令代码编写程序，也称为符号语言。换句话说，汇编语言是一种以处理器指令系统为基础的低级语言，采用助记符表达指令操作码，采用标识符表示指令操作数。不同系列的处理器有各自固定的汇编指令语法以及获得指令操作数的方式(常称为寻址方式)，即汇编语言与机器语言一样，处理器不同，汇编指令集也不同，都是面向机器的，程序移植性差。汇编语言的寻址方式一般有立即寻址(操作数出现在指令代码中)、寄存器寻址(操作数在寄存器中)、操作数在存储器中的多种寻址方式。介绍具体处理器时再介绍其寻址方式。下面介绍指令集、汇编语言的汇编指令和汇编伪指令。

3.3.1 RISC 与 CISC 指令集

指令的强弱是 CPU 的重要指标，指令集是提高微处理器效率的最有效工具之一。从现阶段的主流体系结构讲，指令集可分为复杂指令集(CISC)和精简指令集(RISC)两部分。相应地，微处理随着微指令的复杂度也可分为 CISC 及 RISC 这两类。

在 20 世纪 90 年代前 CISC 结构被广泛使用，CISC 的一条指令往往可以完成一串运算的动作，但却需要多个时钟周期来执行。随着需求的不断增加，设计的指令集越来越多，为支持这些新增的指令，计算机的体系结构会越来越复杂。然而，在 CISC 指令集的各种指令中，其使用频率却相差悬殊，大约有 20%的指令会被反复使用，占整个程序代码的 80%。而余下的 80%的指令却不经常使用，在程序设计中只占 20%。同时，由于这种指令系统的指令不等长，指令的数目非常多，编程和设计处理器时都较为麻烦。但由于基于 CISC 指令架构系统设计的软件已经非常普遍，所以 Intel 的 x86 系列，Motorola 的 68K 系列，AMD、TI、IBM 以及 VIA(威盛)等众多厂商至今都使用 CISC。

RISC 起源于 20 世纪 80 年代。RISC 就是为了克服 CISC 各种指令的使用频率悬殊而提出的，RISC 的 “简单” 之处，在于指令集的执行时间、指令长度、指令格式整齐划一，RISC 处理器设计的简单性使得 RISC 处理器在体积、功耗、散热、造价上都有优势。用 RISC 指令集的微处理器处理能力强，并且还通过采用超标量和超流水线结构，大大提高了微处理器的处理能力。ARM 则是精简指令集(RISC)的代表。比较有影响力的 RISC 处理器产品还有 Compaq 公司的 Alpha、HP 公司的 PA-RISC、IBM 公司的 Power PC、MIPS 公司的 MIPS、Sun 公司的 Sparc 和 PIC 系列单片机等。德州仪器(TI)2015 年 4 月 1 日宣布推出最低功耗的 32 位 ARM Cortex-M4F MCU——MSP432 微控制器也是采用 RISC 指令集。TIC2000 系列的 DSP 都是采用 RISC 指令集，例如，采用 C28× CPU 核的 2808、2812、28335 等。

网上有一个很有趣的例子：如果我们要命令一个人吃饭，那么我们应该怎么命令呢？我们可以直接对他下达 “吃饭” 的命令，也可以命令他 “先拿勺子，然后舀起一勺饭，然后张嘴，再送到嘴里，最后咽下去”。从这里可以看到，对于命令别人做事这样一件事情，不同的人有不同的理解，有人认为，如果首先给接受命令的人以足够的训练，让他掌握各种复杂技能(即在硬件中实现对应的复杂功能)，那么以后就可以用非常简单的命令让他去做很复杂的事情——如只要说一句 “吃饭”，他就会吃饭。但是也有人认为这样会让事情变得太复杂，毕竟接受命令的人要做的事情很复杂，如果这时候想让他吃菜怎么办？难道继续训练他吃菜的方法？我们为什么不可以把事情分为许多非常基本的步骤，这样只需要接受命令的人懂得很少的基本技能，就可以完成同样的工作，无非是下达命令的人稍微累一点——如现在要他吃菜，只需要把刚刚吃饭命令里的 “舀起一勺饭” 改成 “舀起一勺菜”，问题就解决了，多么简单。这就是 CISC 和 RISC 的逻辑区别。实际上很多事情 CISC 更加合适，而另外一些事情则是 RISC 更加合适，例如，在执行高密度的运算任务的时候 CISC

就更具备优势，而在执行简单重复劳动的时候 RISC 就能占到上风，如假设我们是在举办吃饭大赛，那么 CISC 只需要不停地喊"吃饭吃饭吃饭"就行了，而 RISC 则要一遍一遍重复吃饭流程，负责喊话的人如果嘴巴不够快(即内存带宽不够大)，那么 RISC 就很难胜过CISC。但是如果只是要两个人把饭舀出来，那么 CISC 就麻烦得多，因为 CISC 里没有这么简单的舀饭动作，而 RISC 就只需要不停喊"舀起一勺饭"就行了。它们之间到底谁好谁坏，不好简单评判，因为目前这两种指令集都在蓬勃发展，而且都很成功，x86 是 CISC的代表，而 ARM 则是精简指令集(RISC)的代表。各个阵营的设计者都在不断地提升自家架构的性能。

说到这儿大家应该明白 CISC 和 RISC 的区别与特色了。简而言之，CISC 汇编语言程序编程相对简单，科学计算及复杂操作的程序设计相对容易，效率较高，CISC 是以增加处理器本身复杂度作为代价，去换取更高的性能，但功耗较高。而 RISC 则是将复杂度交给了编译器，汇编语言程序一般需要较大的内存空间，实现特殊功能时程序复杂，牺牲了程序大小换取了简单和低功耗的硬件实现。但如果事情就这样发展下去，为了提升性能，CISC的处理器将越来越大，而 RISC 需要的内存带宽则会突破天际，这都是受到技术限制的。所以近十多年来，关于 CISC 和 RISC 的区分已经慢慢变模糊，目前 CISC 与 RISC 正在逐步走向融合，从软件和硬件方面二者取长补短。Pentium Pro、Nx586、K5 就是最明显的例子，接受 CISC 指令后将其分解分类成 RISC 指令以能够执行多条指令。

对于处理器的使用者，由于目前使用汇编语言的编程者已经很少了，即使使用汇编也无须深究 CISC 和 RISC 的概念，只需要掌握其寻址方式和指令集编程即可。

对于软件设计人员，需要了解几个处理器动作的时间概念。第一，时钟周期，是指时钟脉冲的重复周期，时钟周期是 CPU 的基本时间计量单位，它由处理器的主频决定。第二，指令周期，是指执行一条指令所需要的时间，指令周期一般为一到若干个时钟周期。第三，总线周期，一个 CPU 与外部设备和内存储器之间进行信息交换过程所需要的时间，一般情况下，时间比指令周期长。

3.3.2　汇编指令格式及转换

汇编语言语句格式如下：

[标号：]操作码助记符[第一操作数][，第二操作数][；注释]

汇编语言由标号、操作码助记符、操作数和注释 4 部分组成。其中，标号和注释可以省略，某些指令也可以没有操作数。例如，8051 的 NOP、RET 等指令。

标号位于语句开始，由字母开头的一串符号及数字组成，不同处理器软件要求标号长度不同，不能用助记符、伪指令等关键字作为标号，标号之后紧跟冒号。

操作码助记符是英文缩写表示指令功能的助记符，是汇编语言必须有的内容。

操作数在操作码助记符之后，两者用空格分开。操作数是指参与操作码指定功能的数据或者该数据的存放地址。指令中有多个操作数时用逗号分开。不同处理器操作数可以有0～3个。多数指令一般都有两个操作数："源操作数"和"目的操作数"，"源操作数"是指令要读取的操作数，"目的操作数"，即指令操作结果要送往的地方。不同处理器汇编指令格式中"源操作数"和"目的操作数"的顺序或位置不同。多数处理器语法是"目的操作数"在前(即语句中第一个操作数是目的操作数)，"源操作数"在后。但也有相反的，如Freescale公司的DSP56800E。

注释在语句最后，以分号"；"开始，是为了增加程序可阅读性附加的说明性文字。汇编时不考虑注释内容。

例如，要将一个立即数20H传送给CPU的累加器，不同处理器对应的汇编指令如下：

Intel 8085	MVI A,20H	；将立即数20H传送给累加器
Intel MCS-51	MOV A,#20H	；将立即数20H传送给累加器
Motorola M68HC08	LDA #%00100000	；%表示后面的数是二进制数

显然，与机器语言相比，汇编语言直观性、可读性大大提高，但不同处理器其汇编语言的助记符以及语法格式都不尽相同。可见，汇编语言仍然是面向机器的计算机语言。因此，汇编语言程序也不能移植到其他类型的处理器上执行。

机器语言是CPU可直接识别和执行的唯一语言，汇编语言写好的程序需要转换为机器码格式，把汇编语言翻译成机器语言代码的过程称为汇编。这种转换有两种方法：手工汇编和机器汇编。手工汇编实际上就是查表，因为这两种格式仅仅书写形式不同，内容是一一对应的。不过手工查表总是较麻烦，目前都用计算机软件来替代手工查表，即汇编器(Assembler)。汇编器就是将汇编程序翻译为能够被CPU识别和处理的二进制机器代码程序。通常，把用汇编语言等非机器语言书写好的符号程序称为源程序，而把翻译之后的机器语言程序称为目标文件。一般而言，汇编生成的目标文件，需要经链接器(Linker)生成可执行代码才可以执行。图3.3.1为汇编语言到生成可执行文件的开发流程。汇编器生成的目标文件只具有相对地址，它与处理器硬件系统的物理存储器没有任何对应关系，链接器的作用就是对目标文件进行地址定位和分配等，将一个或若干个目标文件转变为一个可执行文件。

图3.3.1　汇编到可执行文件的开发流程

由于汇编语言因处理器不同而语法和寻址方式各异。因此，不同处理器源程序汇编需要不同汇编器进行翻译工作。还好，目前的各种处理器都会提供一个集成开发环境，可以将编辑源程序、汇编、连接、调试等内容在一个软件环境下进行，开发者无须关注该用什么样的编译器及连接器。

3.3.3　汇编伪指令

每一条汇编指令都有一一对应的机器代码，即汇编后都可以产生可执行代码。伪指令则不产生可执行的代码，它是给汇编器提供信息的指示性语句，用于定义符号值，预留和初始化内存以及控制代码的位置等。常用伪指令有符号定义伪指令、数据定义伪指令、汇编控制伪指令、宏指令以及其他伪指令。不同处理器伪指令语句也不同。8051系列单片机的常用伪指令如下。

1. 起始汇编定义伪指令 ORG

语句格式：

ORG 16 位绝对地址或标号；用于规定源程序或数据块存放的开始地址

2. 结束汇编伪指令 END

语句格式：

END

用来指示源程序到此全部结束，汇编器检测到该语句时就确认汇编语言源程序已经结束，对 END 后面的指令不予汇编。

3. 赋值伪指令 EQU

语句格式：

字符名称 EQU 赋值项

用于给左边的"字符名称"赋值，一旦"字符名称"被赋值，就可以在程序中作为一个数据或地址使用。因此，"字符名称"所赋的值可以是一个 8 位数，也可以是一个 16 位二进制数。EQU 伪指令中的"字符名称"必须先赋值后使用，故该语句通常放在源程序的开头。

例如： Test0 EQU 20H   ；符号 Test0 就可以替代 20H 了，方便修改数值

MOV   A,Test0

4. 定义字节伪指令 DB

语句格式：

[标号：] DB 8 位数据或表

用于将右边数据或表依次存放到左边标号起始地址的连续存储单元中，常用于存放数据表格。

例如：   ORG 2000H

TAB: DB 12H,23,'W'

表示将 12H, 23 数字以及 W 的 ASCII 码，依次存入标号为 TAB 开始地址为 2000H 的 3 个连续存储单元。

3.4 高级语言

无论机器语言还是汇编语言都是面向机器的语言，对硬件的依赖性强。因此，要求程序员必须对指令系统、寻址方式、微处理器硬件结构及其工作原理十分熟悉，才能编写程序。例如，要实现两个数的加法，编写程序时，必须知道这两个数的存储地址，并需要给相加的结果分配一个存储单元，显然编程工作十分烦琐。另外，不同厂家、不同系列的 CPU，其指令的语法结构也有所不同，因此，程序的可读性和移植性差。这些缺陷促使了高级语言的产生。

高级语言是一种与人们的自然语言相近并为计算机所接受和执行的编程语言，是面向用户而不是面向机器的语言。高级语言使人们编程时可以不顾及底层硬件的具体情况，给编写程序带来了极大的便利。例如，要实现两数相加，用 C 语言只需写"count=2+3"这样的一条指令即可，无须顾及 2 和 3 以及求和的结果 count 具体存放在存储器中的什么位置，这些工作由编译过程完成，显然，编程工作量得以大大减轻。

但是，高级语言与汇编语言一样，无法被 CPU 直接识别和执行，也需要经过翻译转换成机器语言。无论何种机型的 CPU，只要配备上相应的高级语言的"编译(Complier)或解释程序"，则用该高级语言编写的程序就可以通用。如图 3.4.1 所示，用 C 语言编写的源程序，在不同类型的 CPU 上运行时，都要通过相应的编译程序翻译成对应的机器代码即目标程序，目标程序由连接器转换为可执行文件。可见，高级语言易于移植。

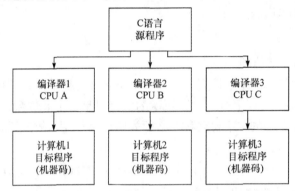

图 3.4.1　同一高级语言源程序在不同架构的计算机上运行时的编译处理

典型的连接器把由编译器或汇编器生成的若干个目标模块，整合成一个称为载入模块或可执行文件的实体，该实体能够被操作系统直接执行。其中，某些目标模块是直接作为输入提供给连接器的；而另外一些目标模块则是根据连接过程的需要，从包括类似 printf 函数的库文件中取得的(因此，C 语言编程生成可执行文件时需要库文件)。大多数连接器都禁止同一个载入模块中的两个不同外部对象拥有相同的名称。然而，在多个目标模块整合成一个载入模块时，这些目标模块可能就包含了同名的外部对象。连接器的一个重要工作就是处理这类命名冲突，不同的连接器对这种情形有着不同的处理方式。

3.5　程序流程图

流程图是对某一个问题的定义、分析或解法的图形表示，图中用各种符号来表示操作、数据、流向以及装置等，可以表示一个系统的信息流、观点流、部件流或者程序走向的图形。流程图有工艺流程图、业务流程图、系统资源图、数据流程图、程序流程图等，流程图可以用来说明企业生产线上的工艺流程，也可以描述完成一项任务必需的管理过程。本节主要介绍程序流程图。

程序流程图用于表示程序执行的顺序，包括转移和循环等。在程序开发过程中画流程图，主要有以下好处。

(1) 帮助程序员理清工程的软件编写思路。

(2) 避免出现重大的代码逻辑错误，造成后期更改困难。

(3) 有利于团队合作。

(4) 便于他人了解程序。

3.5.1 程序流程图的符号和结构

画流程图前首先要熟悉图形符号和结构。

1. 常用程序流程图的图形符号

流程图的图形符号是很多的，但对于非软件工程专业的人，熟悉表 3.5.1 中的几种常用程序流程图符号即可。开始与结束标志用来表示一个过程的开始或结束。"开始"或"结束"写在符号内。矩形符号用来表示在过程的一个单独的步骤，步骤要处理的内容简要说明写在矩形内。菱形符号用来表示过程中的一项判定或一个分岔点，判定或分岔的说明写在菱形内，常以问题的形式出现。对该问题的回答决定了判定符号之外引出的路线，每条路线标上相应的回答。文件标志用来表示属于该过程的书面信息，文件名字或说明写在符号内。圆圈符号表示的连接标志，用来表示流程图的待续。圈内有一个字母或数字，在相互联系的流程图内，连接符号使用同样的字母或数字，以表示各个过程是如何连接的。

表 3.5.1　常用程序流程图符号

符号	名称	意义
⬡	开始(Start)	流程图开始，也常用终止符号表示开始
▭	处理(Process)	该符号是流程图中最常用的符号，表示一个进程，可以表示一个功能模块；也可以表示一个执行步骤
◇	决策(Decision)	决策或判断，菱形内是决定程序分岔的问题，对该问题的回答决定了判断符号之外引出的路线，每条路线上标上相应的回答
⬭	终止(End)	流程图终止
→	路径(Path)	箭头表示程序执行的方向和顺序
▱	文件(Document)	以文件的方式输入/输出
⬭	连接(Connector)	流程图连接符号，在一个流程图的出口或另一流程图的入口。相互联系的流程图连接圈内使用同样的字母或数字，使多流程图连接更清晰
⬚	注解(Comment)	附注说明之用

熟悉了常用的图形符号，还需了解一些常用的程序结构，打开 Visio 软件即可轻松开始制作流程图了。

2. 常用程序流程图的结构

顺序结构是程序设计当中最为简单也最为常用的结构，如图 3.5.1(a)所示。它表示程序是一步步往下执行的。

分支结构是为了解决程序当中一些简单的逻辑判断，如图 3.5.1(b)所示为一种最简单的分支结构。还有一种多分支结构，旨在解决如何选择一个问题的多种解决方案的问题，C语言编程时多选择分支结构用 switch case 语法。

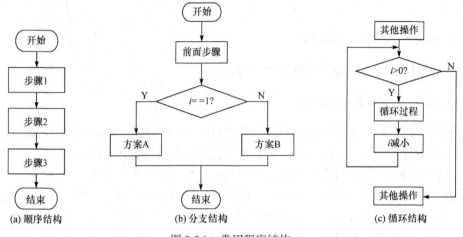

图 3.5.1　常用程序结构

循环结构也是常用的结构，在 C 语言程序中有三种常用的循环语句，分别是 for 循环、while 循环、do-while 循环。前两个可归为一类，后面一个单独为一类。循环结构正是为了配合循环语句而产生的流程图画法，图 3.5.1(c)所示为循环结构的一种。

在微控制器中，还有一种重要的流程图结构就是中断流程图，后面会专门介绍。

3.5.2　画流程图的步骤

画流程图最常用的软件就是微软公司提供的 Visio,产品功能强大,不仅可以画流程图,还有很多数据库、机械等方面的内容。Microsoft Visio 旨在帮助用户以更直观的方式创建图表的新功能，包括全新和更新的形状与模具及改进的效果与主题，还提供共同编写功能，可使团队协作变得更加容易。也可以增强图表的动态性，即使对方没有安装 Visio 也可进行共享。使用 Word 软件也可以画出规范的流程图。

掌握以上的基本图形符号和结构是画流程图最基本的要求，但如何将一个工程项目的软件要求转换为流程图呢？下面以一个 MCU 控制电机转速的实例介绍流程图画法。设计具体需求如下：

(1) 上位机(计算机)给 MCU 发送电机的转速指令；

(2) MCU 控制电机转速，超速或低速报警；

(3) 实时测量电机速度并在 LCD12864 上显示。

对于复杂的工程项目，首先要画出工程的整体软件系统流程图，不仅可以清晰地展示整个工程软件的功能，也方便团队分工合作，画系统流程图步骤如下。

1. 模块划分

程序一般按功能进行模块划分，有利于流程图的编辑。本项目可以分为串口通信模块、PWM 控制转速模块、速度采集模块、报警模块、显示模块等。模块的划分最好是每一个模块执行一个特定功能。

2. 时序排列

模块划分好后，确定各模块在主程序中的执行时间顺序也是非常重要的内容。排列正确无误，可确保 MCU 程序正确执行，排列错误可能导致无法达到工程要求。例如，在该项目中，对各模块的初始化程序必须是第一位的，为了各模块可靠初始化及处于稳定状态，一般会加一个小延时用于等待稳定；然后等待上位机传输速度指令信息；有速度指令后，依次进行 PWM 速度控制模块、速度实时测量及显示；最后将实时速度数据传入报警模块供其判断处理。

3. 层次处理

在划分完功能模块并确定好各模块时序排列后，有些功能模块也是非常复杂的，经常把某一功能的实现又分为底层程序、中间层程序、应用层程序。底层程序无疑就是直接操作寄存器或端口；中间层程序就是在底层程序的基础上对其进行封装，例如，串口通信中用到的发送一串字符串、显示模块中的在某一行、某一位显示某串字符串都属于中间层程序；应用层程序就是主程序调用一个功能模块的程序。如此这样组织，流程图将会成为一个纵向延伸、横向发展的新图形。

4. 图示结构

按照上述步骤即可得到如图 3.5.2 所示纵向延伸、横向发展的系统流程图，包括按

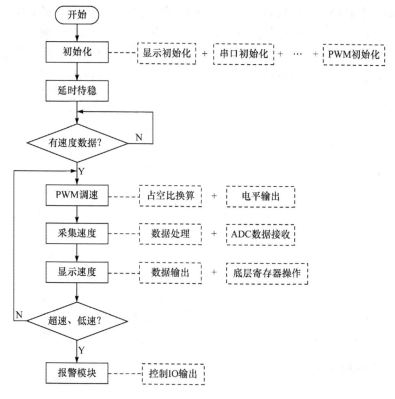

图 3.5.2 电机转速控制实例流程图

层次包装和时序排列两个方面。最左边的代表基本的流程图，右边的横向注释矩形框代表对应模块的各个部分，有底层、中间层等。实际应用中各个复杂功能模块还需要再画细化的流程图。例如，PWM 调速、采集速度、显示速度等。

画流程图以微软产品 Visio 应用最多，国际上也有专业的 SmartDraw，国内也有些产品，掌握好基本符号和分析清楚工程需求就可以很容易地画出流程图。和编写程序一样，在流程图上加上注释说明就更好了。

对于 MCU 软件设计人员而言，由于工程任务及个人喜好不同，流程图是没有固定格式的。但流程图的主要目的之一是帮助编程人员能够思路清晰地编写程序代码。随着时间的流逝，编程人员也会忘记程序内容，画流程图的另一个目的是帮助他人或编程人员自己日后了解程序功能。

3.5.3 包含中断的 MCU 流程图画法

简单来讲，MCU 程序一般包含主程序、子程序和中断程序。MCU 上电复位后，结合个别 I/O 引脚的电平高低，在程序计数器(PC)或指令指针(IP)的引导下，进入用户主程序。主程序一般包含一系列外设初始化模块，最后是一个死循环，循环内部可以包含任务，如扫描按键、显示控制等，也可以只是等待中断或者是表示程序结束仅由跳转指令构成循环。主程序流程图框架一般如图 3.5.3(a)所示。如果 MCU 允许中断，常见错误的流程图是将中断服务程序紧接在主程序流程之后，或者将主程序流程最后的死循环变为一个判断框，判断是否有中断，若有则进入中断程序，这样画流程图都是错误的。其实主程序的等待中断仅仅是一个跳转构成死循环的指令，如果要进入中断程序，必须要有中断触发以及 2.4.3 节的中断响应过程，中断的时刻是由中断源发出中断请求信号决定的，而不是像主程序那样顺序执行的。在没有中断打扰的情况下，CPU 是按照用户程序流程顺序执行的。但从主程

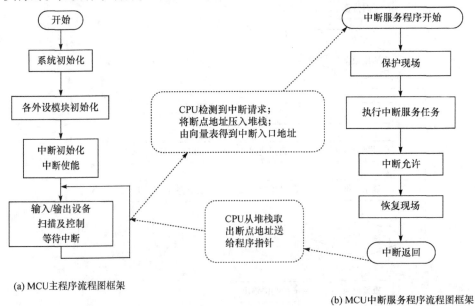

(a) MCU 主程序流程图框架

(b) MCU 中断服务程序流程图框架

图 3.5.3　MCU 主程序和中断流程图框架

序到中断程序有一部分动作是 MCU 自动完成的，如图 3.5.3 中上面的虚线框所示，不是用户程序代码引导到中断服务程序的，这点一定要十分清楚。正确的中断服务流程框架一般如图 3.5.3(b)所示，多数 MCU 的可屏蔽中断一旦响应中断请求，CPU 会自动禁止中断。因此，在中断服务程序中根据情况，在程序前端或者后端需要再次"中断允许"或者"中断使能"，否则 CPU 不可能再允许可屏蔽中断，常常出现中断只能发生一次的错误，主要原因就在于此。如果一个 MCU 有多个中断源，每个中断服务流程图都如图 3.5.3(b)所示画法。中断返回一般就一条指令，告知 MCU 完成如图 3.5.3 中下面虚线框所示的内容。实际画流程图时，不需要也不允许画出图 3.5.3 中的虚线以及虚线框中内容的，因为这一部分内容是 CPU 的动作，用户无法干涉，在此只是用于说明主程序和中断服务程序之间是如何联系的。

3.6　微控制器的集成开发环境

在完成微控制器的硬件系统设计的同时，进行其软件开发一般在一个集成开发环境下。集成开发环境(Integrated Development Environment，IDE)是用于程序开发的一种应用程序，一般包括代码编辑器、文档管理器、编译器、调试器、图形用户界面等工具。换句话说，就是集成了程序代码编写、分析、编译、代码生成、程序调试(Debug)、执行等功能于一体的软件开发工具。所有具备这一特性的软件或者软件套(组)都可以叫作 IDE，如微软的 Visual Studio 系列、Borland 的 C++ Builder、Delphi 系列等。近几年来，出现了 Eclipse 和 NetBeans 这类开放源代码的 IDE。IDE 程序可以独立运行，也可以和其他程序并用。

IDE 的目的就是要让开发更加快捷方便，通过提供工具和各种性能来帮助开发者组织资源，减少失误，提供捷径。当一组程序员使用同一个开发环境时，就建立了统一的工作标准，便于不同团队分享代码库。当然，要熟练使用 IDE 就需要一定的时间和耐心。

不同微控制器厂家也都有对应开发 MCU 的 IDE，不同厂家的 IDE 不同，例如，开发 Intel 单片机的是 Keil；STM32 常用的开发工具是 Keil MDK 和 IAR EWARM；TI DSP 和 MCU 的开发工具是 CCS 等。各种 IDE 功能大同小异，熟悉一种 IDE，其他软件大多数内容都类似。有 C 语言编程经验者，使用 MCU 的 IDE 工具应该就很容易上手。下面就简单介绍一下 TI 公司的 CCS 工具。

3.6.1　TI CCS 的特点与安装

CCS(Code Composer Studio)是 TI 公司开发的针对其 DSP 和 MCU 芯片代码设计的集成环境。CCS 有 CCS v1.1、CCS v1.2、CCS v2.0、CCS v2.2、CCS V3.3 直到目前的 CCS v7 等几个版本，也有 CCS2000(针对 C2××系列)、CCS5000(针对 C54××、C55××系列)、CCS6000(针对 C6××系列)等几个不同的版本，各个版本之间的差异并不大。作为 DSP 芯片代码设计的集成环境，CCS 具有可视化的代码编辑界面，可以直接编辑 C 语言和汇编语言源文件以及头文件和链接命令文件等；集成了代码生成工具，包括汇编器、编译器和链接器等；具有强大的调试能力，可以查看寄存器值、跟踪和显示变量值、设置断点及探针以及显示波形与图形等。

CCS 的安装与一般的 Windows 应用程序的安装过程相似,点击安装程序包并输入安装路径即可完成软件的安装。相关内容请扫描二维码。

Download CCS & License

用于MSP430™的Code Composer Studio™ v5.1用户指南(Rev. T)

学生总结的CCS软件下载安装详解(PPT)

学生总结的CCS软件下载安装详解(DOC)

CCS 具有两种不同的调试模式: Simulator 模式和 Emulator 模式。CCS 的 Simulator 模式是指纯软件仿真, 不需要实际目标硬件和仿真器的支持, 只是在 PC 机内存中构造一个虚拟的 DSP 环境, 主要用于对用户程序进行结构检查、算法检验和运行效率分析等。CCS 的 Emulator 模式是基于仿真器和目标硬件系统的在线调试模式,采用 Emulator 模式之前必须提前安装目标硬件系统的驱动程序并连接好硬件系统。CCS 集成开发环境的工作界面如图 3.6.1 所示。

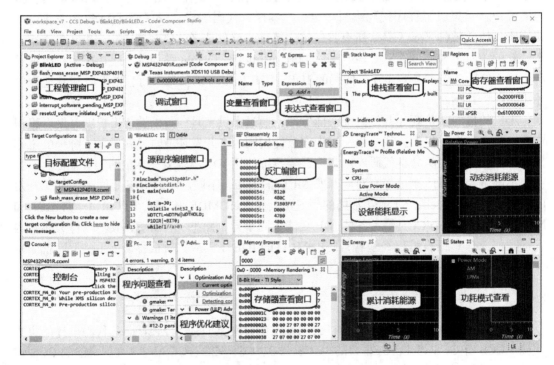

图 3.6.1　CCS 集成开发环境的工作界面

CCS 的特点总结如下。

1. 源程序编辑

CCS 允许编辑 C 语言和汇编语言源程序。集成的编辑环境支持很多人性化的功能, 如可以用彩色加亮注释语句、关键字等；可以在一个或多个文件中查找和替换字符串，或实现快速搜索；当鼠标放在一个函数名或数据类型上面时，该函数和数据类型的定义位置或声明位置均会自动出现，单击它们可以快速跳转至这些位置。

2. 编译功能

CCS 的编译器具有语法检查和翻译两大主要功能，它可以检查程序中的语法错误，双击错误提示可以直接跳转到错误行；同时它可以把汇编语言和 C 语言源文件翻译成机器代码目标文件。

3. 链接功能

CCS 可以将编译后的机器代码目标文件中的机器指令与实际物理地址相链接，使之成为可运行的代码；或者把多个目标文件组合成单个可执行目标模块，并给代码分配物理地址。

4. 调试功能

CCS 提供了丰富而强大的调试功能：①设置断点；②程序的单步运行、连续等运行控制；③在断点处查看变量、观察和编辑存储器与寄存器内容并自动更新窗口；④观察堆栈；⑤对流向目标系统或从目标系统流出的数据可采用探针工具；⑥绘制选定对象的信号曲线；⑦估算执行统计数据；⑧观察反汇编指令等。

CCS 的常用调试工具快捷键含义如下。

🖑：Debug Toggle Breakpoint，设置断点。

🏃：Run，连续运行程序。

🏃：Animate，动画运行，动画运行时遇到调试断点后短暂停止，刷新被查看的变量或寄存器内容，刷新被绘制的曲线或图形，然后程序继续运行。

🏃：Halt，停止运行程序。

{}：Source-Single Step，源代码单步运行(遇到函数调用时，进入被调用函数并单步运行函数体内的代码)。

0̄：Source-Step Over，源代码单步运行(遇到函数调用时将整个函数作为一条指令来处理，不进入函数体运行)。

{}：Step-Out，当 CPU 陷入一个函数体内运行程序时，执行该操作将强迫 CPU 执行完函数体内剩余的指令，然后跳出函数体。

†0：Run to Cursor，控制 CPU 运行到当前光标位置。

{}：Set PC to Cursor，设置程序计数器指针(PC)，使其直接指向当前光标位置。

5. 图形显示功能

图形显示信息是比较直观的一种观察方式，CCS 中具有的图形显示功能，可以帮助用户进行数据分析、运算结果的图形显示处理等(详见表 3.6.1)。CCS 提供的图形显示包括时/频域波形显示、星座图、眼图和图像显示等。用户准备好绘图数据后，执行命令 View→

Graph，设置相应的参数，即可按所选图形类型和数据显示波形、曲线与图像等。各种图形显示所采用的工作原理基本相同，即采用双缓冲区机制。所谓双缓冲区机制是指用于进行图形显示的数据来自显示缓冲区，而用户程序采集或生成的数据位于采样缓冲区，在用户程序的连续运行过程中，采样缓冲区的内容不断被更新，但是显示缓冲区的内容则保持不变。只有当用户程序遇到断点暂停后或者被中断时才会将采样缓冲区的内容复制到显示缓冲区，进而刷新被显示的图形。采样缓冲区位于实际的目标硬件系统，而显示缓冲区则存在于 PC 机内存中。用户定义好显示参数后，CCS 将从采样缓冲区中读取规定长度的数据复制到显示缓冲区内进行显示，显示缓冲区的尺寸可以和采样缓冲区不同。图形显示工具还允许用户将显示缓冲区的内容进行左移显示(Left-shifted Data Display)，这种显示方式可将采样数据从显示区的右端向左端进行循环显示，"左移数据显示"特性对显示串行数据流特别有用。

表 3.6.1　CCS 的图形显示类型

显示类型		描述
显示时域或频域波形	单曲线图(Single Time)	对数据不加处理，直接画出显示缓冲区数据的幅度-时间曲线
	双曲线图(Dual Time)	同时显示两条信号曲线()
	FFT 幅度(FFT Magnitude)	对显示缓冲区数据进行 FFT，画出幅度-频率曲线
	复数 FFT(Complex FFT)	对复数数据的实部和虚部分别作 FFT，在一个图形窗口画出两条幅度-频率曲线
	FFT 幅度和相位(FFT Magnitude and Phase)	在一个图形窗口画出幅度-频率曲线和相位-频率曲线
	FFT 多帧显示(FFT Waterfall)	对显示缓冲区数据(实数)进行 FFT，其幅度-频率曲线构成一帧。这些帧按时间顺序构成 FFT 多帧显示图
星座图(Constellation)		显示信号的相位分布
眼图(Eye Diagram)		显示信号码间干扰情况
图像显示(Image)		显示 YUV 或 RGB 图像

限于篇幅，下面仅以显示单曲线图举例说明设置方法。

执行命令 View→Graph→Time/Frequency，弹出 Time/Frequency 对话框，在"Display Type"中选择"Single Time"(单曲线显示)，则弹出图形显示参数设置对话框如图 3.6.2 所示。需要设置的参数如下。

(1) 显示类型(Display Type)：单击"Display Type"栏区域，则出现显示类型下拉菜单条，单击所需的显示类型，则 Time/Frequency 参数设置对话框随之改变。

(2) 视图标题(Graph Title)：定义显示图形的标题。

(3) 起始地址(Start Address)：定义采样缓冲区的起始地址。当图形被更新时，采样缓冲区内容也更新显示缓冲区内容。此对话栏允许直接输入变量名和标号等符号(如图 3.6.2 所示名为 Voltage2 的变量)，也可以直接输入存储器物理地址(C 语言表达式，如 0x3E8000)。

(4) 数据页(Page)：指明被选择的采样缓冲区来自程序、数据还是 I/O 空间。

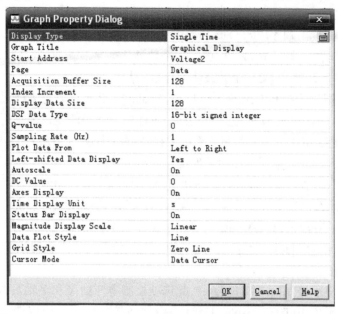

图 3.6.2　图形属性对话框

(5) 采样缓冲区尺寸(Acquisition Buffer Size)：用户可以根据需要定义采样缓冲区的长度，例如，当一次显示一帧数据时，则缓冲区尺寸为帧的大小。若用户希望观察串行数据，则定义缓冲区尺寸为 1，同时允许左移数据显示。

(6) 索引递增(Index Increment)：定义在显示缓冲区中每隔几个数据取一个采样点来进行显示。

(7) 显示数据尺寸(Display Data Size)：此参数用来定义显示缓冲区大小。一般地，显示缓冲区的尺寸取决于"显示类型"选项。对时域图形，显示缓冲区尺寸等于要显示的采样点数目，并且大于等于采样缓冲区尺寸。若显示缓冲区尺寸大于采样缓冲区尺寸，则采样数据可以左移到显示缓冲区来显示。对频域图形，显示缓冲区尺寸等于 FFT 帧尺寸，取整为 2 的幂次。

(8) DSP 数据类型(DSP Data Type)：DSP 数据类型可以选择 32 位有符号整数、32 位无符号整数、32 位浮点数、32 位 IEEE 格式浮点数、16 位有符号整数、16 位无符号整数、8 位有符号整数和 8 位无符号整数。不同的数据类型其数值范围不同。

(9) Q 值(Q-value)：采样缓冲区中的数值与它所表示的实际数值由 Q 值确定。Q 值为定点数定标值，指明小数点所在的位置，Q 值取值范围为 0～15。如果采样缓冲区的当前数为 A，而此时 Q 值为 n，则实际数值将为 $A/2^n$。

(10) 采样频率(Sampling Rate)(Hz)：用于设置采样缓冲区数据的采样频率，这类似于 A/D 转换器通过该采样频率对信号进行采集，然后将结果保存到采样缓冲区。但是，对显示缓冲区而言，设置不同的采样频率意味着其时间轴的坐标将按照"显示缓冲区长度/采样频率"来改变，例如，如果当前显示缓冲区的时间轴为 0～1s，采样频率为 1Hz，若采样频率修改为 10Hz，则显示缓冲区的时间轴将变为 0～0.1s。对频域图形，显示缓冲区的横轴为频率轴，则设置不同的采样频率意味着改变了频率轴的样点数，频率轴的范围总是等于0～采样频率/2。

(11) 绘图数据读出顺序(Plot Data From)：此参数定义从采样缓冲区读取数据的顺序，如果选择"从左至右"，则采样缓冲区的第一个数被认为是最新或最近到来数据；如果选择从右至左，则采样缓冲区的第一个数被认为是最旧数据。

(12) 左移数据显示控制(Left-shifted Data Display)：此选项确定采样缓冲区与显示缓冲区的哪一边对齐，用户可以使能或禁止左移显示控制。如果使能，则每更新一次图形，显示缓存区数据左移，留出的空间将填入新的采样数据(采样数据将从右端进入显示缓冲区)。若此特性被禁止，则采样数据只是简单地覆盖显示缓冲区。

(13) 自动定标控制(Autoscale)：此选项允许 Y 轴最大值自动调整。若此选项设置为允许，则视图被显示缓冲区数据最大值归一化显示。若此选项设置为禁止，则对话框中出现一个新的设置项"Maximum Y-Value"，可以手工设置 Y 轴显示的最大值。

(14) 直流量(DC Value)：此参数设置 Y 轴中点的值，即中心线的位置。对 FFT 幅值显示，此功能被禁止。

(15) 坐标轴显示控制(Axis Display)：此选项控制坐标轴 X 和 Y 轴是否被显示。

(16) 时间显示单位(Time Display Unit)：选择时间轴的单位，可以选择单位为秒(s)、毫秒(ms)、微秒(μs)或采样点数。

(17) 状态条显示(Status Bar Display)：此选项设置图形窗口下方的状态条是否被显示。

(18) 幅度显示比例(Magnitude Display Scale)：用于选择 Y 轴采用线性坐标还是对数坐标(公式为 20log X)来显示。

(19) 数据标绘风格(Data Plot Style)：此选项设置数据如何显示在图形窗口中。Line：数据点之间用直线相连；Bar：每个数据点用直方图显示。

(20) 栅格类型(Grid Style)：此选项设置水平或垂直方向栅格显示，有 3 个选项，No Grid——无栅格；Zero Line——仅显示 0 轴；Full Grid——显示水平和垂直栅格。

(21) 光标模式(Cursor Mode)：此选项设置光标显示类型，有 3 个选项，No Cursor——无光标；Data Cursor——在视图状态栏显示数据和光标坐标；Zoom Cursor——允许放大显示图形，方法为按住鼠标左键，拖动，则定义的矩形框被放大。

6. Profile 菜单

剖析器(Profiler)用来测算代码执行时间，剖析的过程实际上是在特定的剖析点插入软件断点，碰到断点后，剖析器读取剖析时钟的值，从而计算出两个剖析点之间的时钟之差，即此段代码执行所消耗的 CPU 指令周期数。

7. GEL 菜单

CCS 还提供了一种通用扩展语言(General Extension Language，GEL)。GEL 是一种类似于 C 语言的解释性语言，它用来创建 GEL 函数，以扩展 CCS 的功能和用途。GEL 是 C 语言的一个子集，即其语法结构遵从标准 C 语言的规定，不过它不能定义和声明变量，所有的变量必须在 DSP 的源程序中被定义。被用户创建的 GEL 函数及其参数可用于对这些 DSP 源程序中定义的变量进行操作，如进行赋值以及运算等。GEL 函数的这个作用对于用户执行一个调试任务非常有用，例如，用户在调试程序的时候经常需要在线修改一个变量的值以测试程序的运行是否正常，如果在源程序中对这个变量进行赋值，则每次都要停止当前调试，修改变量值，然后对源程序重新进行编译、链接和下载，显然这种方法对于调试工作非常不利。而采用 GEL 函数则可灵活实现上述调试任务，当用户在调试中需要修改变量值的时候，不用停止当前调试，只要编写一个 GEL 函数运行一下(该函数实现对变量的赋值操作)，即可完成修改操作，然后可继续执行用户后面的调试任务。GEL 函数还可以用来在调试状态下动态控制和修改目标系统的配置(如对目标系统进行复位、禁止或使能看门狗、配置 CPU 时钟以及修改其各种外设的配置等)，显然，这使用户对程序的调试工作变得更容易。另外，GEL 函数可以用于创建不同风格的输出窗口，并且在窗口内显示变量的内容。通过 GEL 函数用户能够在调试中访问存储器，创建输出窗口并在输出窗口中显示寄存器、变量或者存储器的内容等。

　　GEL 函数可在任何能键入 C 表达式的地方调用，既可以在对话框中调用，也可以在其他 GEL 函数中调用。通常，GEL 函数可被写到一个 GEL 文件(扩展名：*.gel)中，然后利用 CCS 的 GEL 文件载入功能将其加载到 CCS 环境中，在加载的过程中，该 GEL 函数会被执行。GEL 函数还可以被直接键入一个 GEL 命令窗口(在 CCS 的 View 菜单下打开 GEL 工具条即可显示该窗口)，然后单击执行。对不同型号的 DSP，TI 都提供了专门的 GEL 文件。例如，对于 DSP F2812，TI 提供了一个专门的 GEL 文件为 f2812.gel，这个 GEL 文件中包含一个 Startup()函数，每当 CCS 启动的时候，Startup()内定义的其他 GEL 函数会被自动执行。f2812.gel 可被添加到一个工程文件中或者通过 CCS 的配置工具被指定，运行它的结果是在 CCS 的 GEL 菜单下添加一系列的菜单命令(即一系列的 GEL 函数)，用户可以通过鼠标来选择执行这些菜单命令。

8. Tools 菜单

　　该菜单下最常用的工具是 DSP 片内 Flash 的在线烧写程序 On-chip Flash Programmer。注意，该程序不是标准 CCS 的组成部分，而是一个插件程序，需要独立安装。另外要切记！烧写时 CSM 密码区域不能写全 0，同时，烧写尚未完成时不要关闭电源或者重启系统，否则会造成 DSP 芯片锁死，后果严重！

9. DSP/BIOS 菜单

　　CCS 中集成的 DSP/BIOS 是一个简易的嵌入式实时操作系统，能够大大方便用户编写多任务应用程序。DSP/BIOS 拥有很多实时嵌入式操作系统的功能。例如，任务调度、任务间的同步和通信、内存管理、实时时钟管理、中断服务管理等。使用它用户可以编写复杂的多线程程序，可用于实时调度和同步，主机和目标机通信，以及实时分析系统上的一个可裁减实时内核，抢占式的多任务调度对硬件的及时反应，具有实时分析和配置工具等。同时提供标准的应用程序接口(API)，易于使用。它是 TI 的 eXpressDSP 实时软件技术的一个关键部分。

DSP/BIOS 为用户提供了更加便捷和面向对象的软件开发途径，用户可以基于此操作系统内核开发自己的嵌入式 DSP 程序。DSP/BIOS 由三个重要的部分组成：应用程序接口(API)、对象配置工具(Configuration)以及实时分析工具(Real-time Analysis Tool)。API 是 DSP/BIOS 的核心，用户程序就是通过调用 API 来使用 DSP/BIOS。DSP/BIOS 的 API 被分成许多对象模块，用户可以根据自己的需要选择性地使用这些模块，从而实现对 DSP/BIOS 的尺寸裁剪和定制。DSP/BIOS 的对象配置工具主要用于静态创建 API 对象并设置其属性，创建的 API 对象将被用户程序调用。静态 API 对象在程序运行期间都是存在的，不能在运行时被删除；当然，API 对象也可以在运行时被动态创建和删除。静态创建 API 对象可以减小用户代码的长度，另外也可以减少动态创建对象的时间开销，不影响用户程序的实时性。此外，只有静态创建的 API 对象的运行特性能够被实时分析工具监测。DSP/BIOS 的实时分析工具采用可视化的方法对目标系统中用户程序的运行情况进行实时监测，这包括程序的跟踪(显示程序运行中发生的各种事件、被执行的进程及其动态变化)、性能监控(统计目标系统的资源消耗，如 CPU 的负荷和时间开销)、数据流记录(将目标系统驻留的 I/O 对象的数据流记录到 PC 机的文件中)。与传统的调试工具不同，DSP/BIOS 的实时分析工具利用 API 对象，在程序运行过程中采集数据并上传到 PC 机，该工具对用户程序的实时性几乎没有影响；而传统的调试工具需要暂停程序的运行，然后收集寄存器或变量内容等信息进行上传。

3.6.2　基于 TI CCS 的软件开发流程

图 3.6.3 给出了基于 CCS v3.3 的 TMS320C28×系列 DSP 软件开发流程，图中阴影部分表示从 C/C++源程序到可执行文件生成的基本流程，而其他部分为一些增强的外围功能，用以扩展软件的开发能力。其他系列 DSP 基于不同 CCS 版本的开发流程基本类似。

如图 3.6.3 所示，利用 CCS v3.3 进行 C/C++语言软件开发的过程涉及编译器(Compiler)、汇编器(Assembler)、链接器(Linker)、归档器(Archiver)、运行时支持库(Run-Time-Support Library)、建库器(Library-build utility)、HEX 转换器(Hex Conversion Utility)、绝对列表器(Absolute Lister)和交叉引用列表器(Cross Reference Lister)以及调试器等软件工具或软件包。

1. 编译器

CCS 的 C/C++编译器接收标准 ANSI C/C++源文件(扩展名为*.c 或*.cpp)，并将其翻译成 C28×的汇编语言源文件。编译器是整个 CCS 的外壳程序(Shell Program)的组成部分之一(注：外壳程序是 CCS 的基本组成部分，它由编译器、汇编器和链接器组成，可以使用户在一步之内完成对其 C/C++源程序的编译、汇编以及链接等功能)。CCS 的 C/C++编译器由三个软件包组成：编译器本体、一个优化器(Optimizer)以及一个交互列表器(Interlist Utility)。优化器用以对编译生成的汇编代码进行优化和修改以提高 C/C++程序的运行效率；交互列表器用以将 C/C++表达式编译后的汇编指令输出，借助这个工具，用户可以查看 C/C++语句所对应的汇编语句。

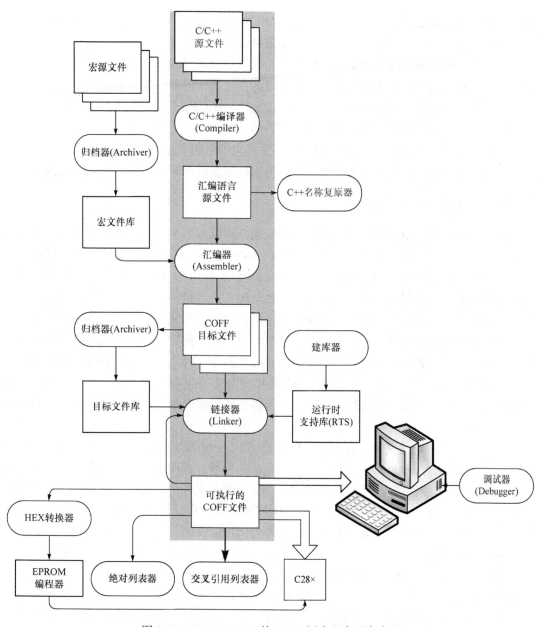

图 3.6.3　TMS320C28×的 C/C++语言程序开发流程

2. 汇编器

CCS 的汇编器是其外壳程序的第二部分，用以将汇编语言源文件(扩展名为*.asm)翻译成机器语言 COFF 目标文件(扩展名为*.obj)。汇编语言源文件可以来自 C/C++编译器，也可以由用户直接编辑生成。汇编语言源文件除了包含程序指令，也包含汇编器指令(Assembler Directive)和宏指令(Micro Directive)。汇编器指令采用一种指令形式的描述性语言来对汇编过程进行编程和控制。宏指令则提供了一种用户可以自定义指令的方式，用户可以将一个复杂的汇编语言代码块或重复使用的代码块定义为一个宏，在源文件中，通过引用宏不仅可以简化文件的编写，也可以减小文件的长度。公共目标文件格式(Common Objective File Format，COFF)是美国 AT&T 公司为其基于 UNIX 系统开发的一种二进制目标文件格式，这种格式的特色是将程序代码和数据块分成段(Sections)。段是目标文件中的最小单位，每个段的代码和数据最终占用连续的存储器地址，一个目标文件中的各段都是互相独立并有区别的。COFF 目标文件一般包含三个缺省的段。

(1) text 段：该段内通常包含可执行的指令代码。

(2) data 段：该段内通常包含数据表或需要被初始化的变量(如全局变量)。

(3) bss 段：该段内通常为那些不需要被初始化的变量保留存储空间(如局部变量)。

3. 链接器与链接命令文件

CCS 的链接器是其外壳程序的第三部分，用以将汇编器生成的多个 COFF 目标文件组合成一个可执行的 COFF 输出文件(扩展名为*.out)。通常，汇编器生成的 COFF 目标文件中各代码段或数据段(如.text，.data，.bss 等)只具有相对地址，它与系统的物理内存映像之间没有任何关系，必须对其进行地址的定位和分配，这些目标文件才能够变成可执行的文件。CCS 的链接器有三个主要的作用：①支持用户将 COFF 文件中的各代码段和数据段分配到实际目标系统的物理存储器映像中；②根据用户的分配要求，对各代码段和符号重新进行安排，并赋予其最后确定的物理地址；③处理多个文件之间那些没有被定义的外部引用(变量名或函数名等)。用户可以通过一个链接命令文件(扩展名为*.cmd)来描述实际目标系统的物理存储器映像并进行段的分配，链接器将调用该命令文件实现对目标文件的链接工作。

命令文件(*.cmd)是整个工程中非常重要的一个文件，该文件将指导链接器为用户 C 程序默认的段(即.text, .cinit, .pinit 等)分配物理地址，为所有在源文件中被定义的外设寄存器实体变量、中断向量表等分配与其对应的物理地址。命令文件中有两个关键语句：MEMORY 和 SECTIONS。命令文件在使用时可以在 TI 网站下载对应器件的汇编或者 C 程序命令文件，两者语法稍有差异，下面以汇编命令文件为例加以说明。

MEMORY 链接器指令描述了目标硬件系统可被用户使用的物理存储器的地址、范围以及存储器类型。MEMORY 用 Page 0 和 Page 1 分别说明硬件系统中的程序存储器与数据存储器的起始地址、长度等信息。程序存储器用于存放可执行的程序代码以及数据表等信息，在 Page 0 里存放的代码和数据将被 JTAG 仿真器烧写或下载到对应的目标存储器内。程序存储器通常为非易失性存储器，当然也可以是 RAM(开发完成的用户程序必须保存在一个非易失性存储器中，在利用 CCS 的调试器(Debugger)工具对程序进行调试的时候，用户程序只能运行在 RAM 中)。数据存储器主要用于保存变量和系统的堆栈等，PAGE 1 定义的存储空间将由用户通过程序来访问(即创建变量和堆栈，并对其进行读写)，由于用户程序需要对变量和堆栈进行读写操作，故数据存储器只能采用 RAM。MEMORY 对其存储器的描述语法如下：

```
MEMORY
{
```

```
[PAGE 0 :]  name[(attr)]: origin=constant, length=constant[, fill=constant];
[PAGE 1 :]  name[(attr)]: origin = constant, length=constant[, fill=constant];
}
```

表达式中，描述了实际系统中程序存储器(PAGE 0)和数据存储器(PAGE 1)的物理模型，这些存储器包含 DSP 片内所有存储器和片外扩展存储器；name 表示用户定义的存储器区域的名称，名称可以带有一个或多个可选的属性(attr)，这些属性包括：R—规定了存储器可读，W—规定了存储器可写，X—规定了存储器包含可执行代码，I—规定了存储器可以初始化，如果没有任何属性被指定，则默认这块存储器具备以上所有属性；origin 表示存储器的起始地址；length 表示存储器的长度；另外还有一个可选项 fill，表示将未分配给任何段的存储器区域填充指定常数 constant。用户可以定义多个属于 PAGE 0 或 PAGE 1 的存储器区域，只要采用不同的名称。

SECTIONS 指令用于将 COFF 目标文件中的程序和数据段分配给 MEMORY 定义的内存区域。SECTIONS 指令的语法如下：

```
SECTIONS
{
    name : [property[, property][, property]... ]
    name : [property[, property][, property]... ]
    name : [property[, property][, property]... ]
}
```

表达式中，name 为要被分配的段名，在段名的后面是一个属性列表，定义了段被分配的方式。段的分配方式包括两种：Load 分配和 Run 分配。Load 分配指段内的信息(代码或数据)被装载到 Load 关键词所指定的内存地址；而 Run 分配指段内的代码将要在 Run 关键词指定的内存区域运行。Load 和 Run 分配的语法结构如下：

```
load = named memory/address        或 load > named memory/address
run = named memory/address         或 run > named memory/address
或> named memory/address           /* Load 和 Run 的地址相同，则 Run 分配被忽略 */
```

named memory 指用 MEMORY 定义的内存区域，而 address 则指信息要被装载或运行的起始地址。通常如果 Load 和 Run 地址相同，则 Run 分配可省略。有时候 Load 和 Run 需要指定不同的内存地址，例如，用户把程序装载到一个慢速的外部内存中，而又希望其在另外的快速内存区域运行。在这种情况下，链接器根据用户指定的 Load 地址将原始代码或数据分配到该内存区域，而链接器生成的代码所引用的一切地址均针对其 Run 地址，因此，在程序加载后，用户程序必须负责在运行时将代码从 Load 区域复制到 Run 区域，以使代码能够正确运行。

下面给出微控制器的 CPU 核为 C28×(见第 5 章)的一个简单的汇编命令文件的实例，当然实例 MEMORY 中没有描述完 C28×的所有存储器空间，系统是否有外扩存储器也没有涉及，用户可以根据实际应用补充和修改实例。

```
/**************************************************/
/* demo.cmd */
/**************************************************/
file1.obj file2.obj          /* 输入目标文件 */
-o demo.out                  /* 链接器选项，用于生成输出文件 demo.out */
MEMORY
{
PAGE 0:                                           /*程序存储空间*/
   XINT: origin=0x3fc000, length=0x001000   /*说明一个名为 XINT 的程序存储器*/
   BEGIN: origin=0x3fffc0, length=0x000002    /*说明待用向量表地址空间*/
   DRAMH0: origin=0x3f8000, length=0x001000
PAGE 1:                                           /*数据存储空间*/
   RAMM0: origin=0x000000, length=0x000400
   RAMM1: origin=0x000400, length=0x000400
}
SECTIONS
{
   .text: load=XINT, run=DRAMH0   /*将.text 段装载到 XINT 中，但是其运行地址却被分
             配到从 DRAMH0 处开始，故当通过仿真器将程序下载到 XINT 中后，用户程序负责将
             XINT 中的代码复制到 DRAMH0 起始地址处*/
   .vectors: >BEGIN, PAGE=0   /*将名为.vectors 的段从地址 BEGIN 开始装载(注:可直接
             使用绝对地址)*/
   .const: >XINT, PAGE = 0          /*将名为.const 的段装载到程序存储器 XINT 中*/
   .bss: >RAMM0,  PAGE = 1          /*.bss 段分配到数据存储器 RAMM0 中 */
}
```

4. 归档器

为了重复利用源代码，减小源代码的编写工作量，使用宏是一种有效的办法，而大量的宏可以组织在一起形成一个专门的库；同样地，通用函数的编写也会节省代码量。例如，将一个算法程序写成专门的函数，这是实现模块化编程一般采用的方法，大量这样的函数被组织在一起形成一个库文件。这样，当一个新的用户程序被编写的时候，有效地利用这些宏库或者函数库不仅可以大大节省程序的开发工作量，而且可以方便地实现程序移植。归档器就是用于建立这样的宏库或者函数库的非常有用的软件工具。归档器可以帮助用户将许多单个的文件组成一个库文件，这些文件可以是源文件，也可以是汇编后的目标文件。无论汇编器还是链接器都接收由归档器建立的库文件作为输入，汇编器接收源文件库作为输入，而链接器则接收目标文件库作为输入。例如，当汇编器对用户源程序进行汇编时，它遇到了一个宏引用，则汇编器会搜索归档器建立的宏库以找到被引用的宏并将其嵌入引用宏的位置；同理，当链接器对用户程序进行链接的时候，若它遇到一个外部函数的调用，它会解析这个函数名，并且到归档器建立的目标文件库中去寻找这个同名函数，为其安排相同的物理地址。归档器除了可以创建库，也可以对库进行修改，如对库成员进行删除、替换、提取和添加等。

5. 运行时支持库

运行时支持函数(Run-Time-Support Libraries，RTS)是 C/C++编译器的一个重要组成部分。有过 C/C++语言开发经验的用户都知道，他们经常调用一些标准 ANSI 函数来执行一个任务，如动态内存分配、对字符串的操作、数学运算(如求绝对值、计算三角函数和指数函数等)以及一些标准的输入/输出操作等，这些函数并不是 C/C++语言的一部分，但是却像内部函数一样，只要在源程序中加入对应的头文件(如 stdlib.h、string.h、math.h 和 stdio.h等)就可以调用和使用。这些标准的 ANSI 函数就是 C/C++编译器的运行时支持函数。TMS320C28×的 C/C++编译器所有的运行时支持函数，其源代码均被存放在一个库文件 rts.src 内，这个源库文件被 C/C++编译器汇编后可生成运行时支持目标库文件。TMS320C28×的 C/C++编译器包含了两个经过编译的运行时支持目标文件库：rts2800.lib 和 rts2800_ml.lib，前者是标准 ANSI C/C++运行支持目标文件库，而后者是 C/C++大内存模式运行支持目标文件库，两者都是由包含在文件 rts.src 中的源代码所创建的。所谓的大内存模型是相对标准内存模型而言的，在标准内存模型下，C/C++编译器的缺省地址空间被限制在内存的低 64KB，地址指针是 16 位；而 TMS320C28×编译器支持超过 16 位的地址空间的寻址，这需要采用大内存模式，在此模式下，C/C++编译器被强制认为地址空间是 22位的，地址指针也是 22 位的，因此 F2812 全部 22 位地址空间均可被访问。在 rts2800.lib 和 rts2800_ml.lib 中，除了标准的 ANSI C/C++运行时支持函数，还包含一个系统启动子程序_c_int00。运行时支持目标文件库作为链接器的输入，必须与用户程序一起被链接，才可以生成正确的可执行代码。

6. 建库器

TMS320C28×的 C/C++编译器允许用户对标准的运行时支持函数进行查看和修改，也可以创建自己的运行时支持库，通过归档器或建库器来完成。例如，用户可以利用归档器从 rst.src 中提取某个运行时支持函数的源代码进行修改，然后调用编译器对其进行编译和汇编，最后再利用归档器将汇编后的目标文件写入运行时支持目标库(如 rts2800.lib)中。按照同样的步骤，用户也可以创建新的运行时支持库。不过，通过建库器来创建新的运行时支持库有时候更加方便和灵活。例如，编译器的不同配置条件和编译选项有时候会对生成的运行时支持库有影响，不同条件下生成的运行时支持库未必能完全兼容，此时为了建立适合自己的运行时支持库，经常并不需要改变源代码，而仅仅是修改编译器的配置和选项，使用建库器就更加方便。

7. HEX 转换器

用户程序经过 TMS320C28×的编译器和链接器生成可执行的 COFF 文件，该文件可以下载到目标系统的 SRAM 中运行和调试，或直接烧写到 DSP 的片内 Flash 或者片外可编程 EPROM 中。不过要将程序写入片外可编程 EPROM 中，一般情况下需要采用通用编程器来进行。尽管 COFF 这种格式非常有利于模块化编程并提供了强大和灵活的管理代码段与目标内存的能力，但是大多数的 EPROM 编程器并不能识别这种格式，因此 CCS 提供了 HEX 转换器，用于把 COFF 目标文件转换成 ASCII-Hex、Intel MCS-86、Texas Instrument

SDSMAC、Motorola-S 或 Tektronix 等几种可被通用 EPROM 编程器识别的十六进制目标文件格式。HEX 转换器还可以用于其他需要将 COFF 文件转换为十六进制目标文件的场合，如调试器和上电引导加载(Bootloader)应用。

8. 绝对列表器和交叉引用列表器

绝对列表器(Absolute Lister)和交叉引用列表器(Cross-Reference Lister)均为调试工具之一，其中绝对列表器接收链接后的目标文件作为输入，生成一些列表文件(扩展名为*.abs)，这些列表文件列举了链接后的目标代码的绝对地址，这个工作如果采用手工来完成，那么将需要很多操作，是非常烦琐的，绝对列表器可以帮助自动完成这个工作；类似地，交叉引用列表器也接收链接后的目标文件作为输入，生成一些交叉引用列表文件(扩展名为*.xrf)，这些列表文件中列举了所有的符号名、它们的定义以及在被链接的源文件中的引用位置。

9. C++名称复原器

一个 C++的源程序中的函数，在编译过程中其函数名会被编译器修改成链接层的名称，当用户直接查看编译器生成的汇编语言文件时，往往不能将其和源文件中的名称对应起来，借助图 3.6.3 中标注的 "C++名称复原器" (C++ Name Demangler Utility)这一小软件工具，可以将修改后的名称复原成源文件中的名称。

10. 调试器

除了提供代码生成的功能，CCS 的另外一个重要的功能就是在线调试。CCS 可以将链接生成的可执行的 COFF 文件通过 JTAG 仿真器下载到目标系统的 RAM 中运行，通过调试器来控制程序的运行。CCS 的调试器提供了丰富的调试功能帮助用户对其程序进行调试和修改，这些调试功能包括单步运行、设置断点、变量跟踪、查看寄存器和内存块内容、反汇编功能等基本功能；另外还有一些高级功能，如图形工具(Graphic Tools)和探针工具(Probe Point)。CCS 调试器的图形工具，可以对保存在连续内存区域的数据进行绘图处理。使用探针工具可实现程序调试过程中数据的导入和导出，当遇到探针点时，可设定从 PC 机将某原始数据文件导入 DSP 的相应存储器，或者将存储器中的数据处理结果存储成某一个文本文件。利用探针工具和断点工具配合可及时更新显示图形与动画。

3.6.3 基于 Eclipse 的 CCS

Eclipse 是一种开源软件框架(Open Source Software Framework)。最初是由 IBM 公司开发的替代商业软件 Visual Age for Java 的下一代 IDE 开发环境，2001 年 11 月贡献给开源社区，现在它由非营利软件供应商联盟 Eclipse 基金会(Eclipse Foundation)管理。Eclipse 最初主要用于 Java 语言开发，但是目前也有人通过插件使其作为其他计算机语言如 C++和 Python 的开发工具。插件架构能够支持将任意的扩展加入现有环境中，如配置管理，而绝不仅限于支持各种编程语言。Eclipse 核心很小，包括图形 API(SWT/JFace)、Java 开发环境插件(JDT)、插件开发环境(PDE)等。其他所有功能都以插件的形式附加于 Eclipse 核心之上，众多插件的支持，使得 Eclipse 拥有较佳的灵活性。

CCS v4 及以上版本都是基于 Eclipse 开源软件框架的新版本。CCS v5 基于 Eclipse 开源软件框架(v4+)，用户可以随意地将各种其他厂商的 Eclipse 插件或 TI 的工具拖放到现有的 Eclipse 环境中，也可以享受到 Eclipse 中所有最新的改进所带来的便利。CCS v5(CCS v5.0～CCS v5.2)还集成额外的工具，包括操作系统的应用程序开发工具(Windows、Linux、Android 等)以及代码分析、源代码控制等。

CCS 从版本 4 开始服从于 Eclipse，可用于 C6000、C5000、C2000、MSP430 和 ARM 等处理器的开发。换言之，基于 Eclipse 的 IDE 适合于 TI 的所有嵌入式处理器。

思考与习题

3.1 软件系统一般可分为系统软件和应用软件，说明两者各自的特点。

3.2 编程语言(又称计算机语言)通常是一个能完整、准确和规则地表达人们的意图，并用以指挥或控制硬件系统工作的"符号系统"。编程语言有三个不同层次，分别为机器语言、汇编语言和高级语言。简述三种语言各自的优缺点。

3.3 简述流程图的好处及画流程图的步骤。

3.4 简述中断服务程序流程图为什么要与主程序流程图分开画。

3.5 各大型处理器厂家都有自己的集成开发环境(IDE)，分别列出几种不同处理器对应的 IDE 是什么。

3.6 CCS 的特点是什么？

第 4 章 8051 微控制器及 MCU 常用接口简介

任何微控制器(MCU)的开发应用一般都包含硬件和软件两方面，只要熟悉一种 MCU 的硬件设计，这种硬件开发技能就可以移植到其他任何 MCU 硬件设计中，而且很多 IC 厂家都会提供 MCU 的硬件最小系统原理图，不需要了解 MCU 的内部结构、指令系统等细节的内容就可以设计其硬件系统。硬件设计人员根据之前所学的电子技术知识、器件手册等就可以制作硬件电路了，如果有微处理器或 PLD 硬件系统设计经验，会发现处理器硬件的设计技能是类似的。8051 单片机因其结构简单、价格低廉、设计开发方便，长期受到用户的普遍青睐，2.3.5 节给出了 8051 的最小系统电路原理框图，在此不再赘述。进行软件开发就需要查找器件手册搞清楚 MCU 结构、复位状态、存储器配置、总线、程序引导过程、中断等细节内容，还需要熟悉集成开发工具的使用，训练编程和调试技能。如果要采用汇编语言编程，还需要熟悉该 MCU 的寻址方式和指令系统。

4.1 8051 结构框图及总线

制造厂家会因为用户需求或者应用领域不同而生产一系列功能类似的 MCU，同一系列的 MCU 的 CPU 和指令系统相同，仅存储器类型及容量大小不同，或者/和片内外设不同。例如，Intel MCS-51 系列的 8031 片内无 ROM，8051 片内是 4KB×8 的 ROM，而 8751 则是 4KB×8 的 EPROM，其他部分结构则一致。Intel 8051 结构框图如图 4.1.1 所示。包含了 CPU(含控制模块)、128B 的 RAM 和 4KB 的 ROM、串行通信接口、两个计数器、4 个 8 位并行 I/O 端口 P0~P3、振荡器(Oscillator，OSC)、5 个中断源的中断控制。

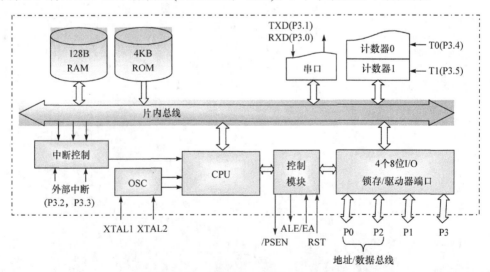

图 4.1.1 Intel 8051 微控制器结构框图

Intel 8051 单片机的外部引脚如图 4.1.2 所示。P0、P2 和 P3 都是多功能复用端口，一方面可以作为 I/O(输入/输出)，作为输入时有缓冲，输出时有锁存。另一方面，在访问 8051 外部扩展的存储器时，P0 和 P2 端口可以用于构成 MCU 外部地址/数据总线，如图 2.3.4 所示，P0 作为低 8 位地址($A_0 \sim A_7$)和数据($D_0 \sim D_7$)的复用总线(记为 $AD_0 \sim AD_7$)，CPU 产生的访问时序会自动在地址有效时提供 ALE 信号，用于外接的锁存器锁存 P0 口提供的低 8 位地址，P2 输出高 8 位地址($A_8 \sim A_{15}$)。P3 端口又可作为串行通信、计数器、外部中断、读写控制信号复用端口。振荡器(OSC)是内部振荡电路，当它外接石英晶体和频率微调电容后就可以产生内部矩形时钟脉冲信号，其频率是单片机的重要性能指标之一。

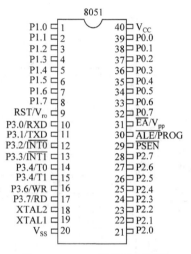

图 4.1.2　8051 单片机引脚图

　　一般微控制器(包括 8051 单片机)中有 3 类信息在流动，第一类是数据(8051 是 8 位宽度，不同 MCU 宽度不同)，即各种原始数据、中间结果和程序(命令的集合)等。第二类信息称为控制命令，根据程序译码产生相应控制信号，控制存储器或外设的读和写等。第三类信息是地址信息，其作用是告诉运算器和控制器在何处取命令或数据，将结果存放到什么地方，或者通过哪个端口输入或输出信息等。图 4.1.1 中单片机片内总线(即内部总线)就包含这三种信息，根据传送数据性质的不同，一套总线一般都包括地址总线(AB)、数据总线(DB)和控制总线(CB)三部分。片内总线是一套将 8051 内部资源连接起来的纽带，犹如城市的交通干道。CPU、ROM、RAM、I/O 口、串口、计数器、中断系统等就分布在总线的两旁并和它连通。一切指令、数据都可经内部总线传送，犹如大城市内各种物品的传送都经过干道进行一样。单片机上电工作时，读入并分析每条指令，根据各指令的功能控制单片机的各功能部件执行指定的运算或操作。

　　微控制器与片外接口或存储器联系也有一套总线，多数是并行的，目前串行总线也越来越多。

4.2　8051 的 CPU 结构和寄存器介绍

　　微控制器的结构框架基本都包含运算器和控制器两个主要部分，但不同控制器细节内容不同，关注微控制器的 CPU 结构可以了解其主要性能。对软件设计人员来说，需要清楚一些关键寄存器在上电复位或热复位后的值是什么。例如，程序计数器、堆栈指针等。

8051 单片机的 CPU 由运算器和控制器构成，如图 4.2.1 所示。运算器由 ALU、ACC、寄存器 B、两个暂存器、PSW 组成。ALU 是微处理器的核心，不仅可以对 8 位二进制信息进行逻辑运算和算术运算，还具有一般 ALU 不具备的位操作功能，即它可以对位进行置位、清零、逻辑"与"、"或"等操作。两个暂存器用于暂存参与 ALU 运算的两个操作数。累加器是 ALU 使用最为频繁的一个寄存器，记为 A 或 ACC。PSW 是反应程序运行状态的一个寄存器，查看其内容可以使用户了解程序运行结果，格式如图 4.2.2 所示。

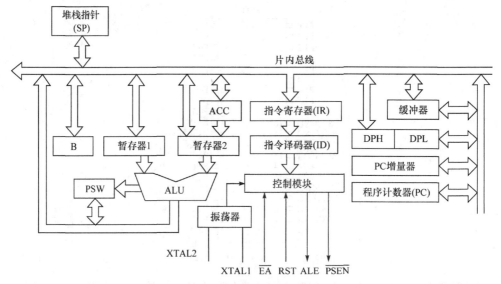

图 4.2.1 8051 CPU 结构图

PSW7	PSW6	PSW5	PSW4	PSW3	PSW2	PSW1	PSW0
CY	AC	F0	RS1	RS0	OV	—	P
进位标志位	辅助进位标志位	用户标志位	寄存器选择位		溢出标志位		奇偶标志位

图 4.2.2 PSW 各位含义

P：奇偶标志位。当累加器 A 中 1 的个数为偶数时，P 为 0；为奇数时，P 为 1
OV：溢出标志位。当运算结果超出带符号数的范围时，OV 为 1；否则 OV 为 0
RS0、RS1：工作寄存器选择位，见片内 RAM 工作寄存器区
F0：由用户软件可以设定该位，通过软件判断该位可以控制程序的走向
AC：辅助进位标志位。当 D3 向 D4 无进位/借位时，AC 为 0；否则 AC 为 1
CY：进位标志位。当最高位无进位/借位时，CY 为 0；否则 CY 为 1

控制器由指令寄存器、指令译码器、程序计数器、数据指针(DPTR，高 8 位记为 DPH，低 8 位记为 DPL)、堆栈指针、控制模块等组成。执行一条指令时，先要把它从程序存储器取到指令寄存器中，将指令操作码送往指令译码器，译码形成相应指令的微操作信号。控制模块是控制器的核心部件，它的任务是控制取指令、执行指令、存取操作数或运算结果等操作，向其他部件发出各种微操作控制信号，协调各部件操作。8051 的程序计数器是一个 16 位二进制的程序地址寄存器，它的主要功能如下：

(1) 存放下一条要执行指令在程序存储器中所处的 16 位地址。

(2) 每当取完一条指令后，程序计数器(PC)内容自动增加，指向下一条要执行的指令地址。但在执行转移、子程序调用、返回、中断响应等指令时能自动改变其内容，以改变程序的执行顺序。

(3) 单片机上电或复位时，PC=0000H，意味着用户程序要从 0000H 地址开始存放。

(4) 程序计数器本身是不可寻址的，即用户无法对其进行读写。

微处理器中，堆栈是一个不容忽视的概念，是个特殊的存储区域，只能在一端(称为栈顶)对数据项进行压入和删除，即先进后出(First-In/Last-Out，FILO)。主要功能是暂时存放数据和地址，通常用来保护断点与现场，操作地址由堆栈指针确定。

4.3　8051 存储器结构

8051 单片机的存储器与台式计算机的存储器配置不同。计算机的程序存储器和数据存储器安排在同一内存空间的不同范围，称为冯·诺依曼结构(也称为普林斯顿结构)；而 8051 单片机的存储器在物理上有程序存储器和数据存储器两个独立的空间，这种结构称为哈佛结构。

4.3.1　8051 存储空间配置及上电程序引导

8051 片内集成了 RAM 和 ROM，片外具有 64KB 程序和 64KB 数据寻址空间。

按照物理空间的不同，8051 单片机的存储器可分为片内 RAM、片内 ROM、片外数据存储器和片外程序存储器 4 部分。其结构如图 4.3.1 所示。按照逻辑空间划分，可分为 3 个空间：片内 128B 数据存储器以及 128B 特殊功能寄存器，片外最多 64KB 的数据存储器和片内 4KB 以及片外 64KB 程序存储器。由于片内和片外的程序存储器地址编排是连续统一的，因而在逻辑上把它作为一个空间。MCU 的 CPU 上电后对程序的引导，一般都需要与 MCU 芯片的一些引脚电平高低相配合。

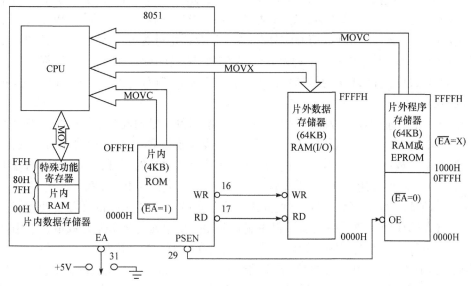

图 4.3.1　8051 存储器组织结构

8051 上电或复位后，PC=0000H，是读取片内还是片外程序是由 EA(External Address) 引脚所接电平确定的，双列直插 DIP 封装 40 引脚的 8051 程序引导如图 4.3.1 所示(图中的 16、17、29、31 是相应信号的引脚编号)，当 $\overline{EA}$=0 时，使 $\overline{EA}$ 低电平有效则由外部程序存储器的 0000H 单元开始读程序。当 $\overline{EA}$=1 时，则由片内 4KB ROM 的 0000H 单元开始读程序，如果程序超过 4KB(即地址超过 0FFFH)，超过部分程序代码需要事先存储在片外 1000H 开始的程序存储器中，读取 4KB 以上程序代码时，MCU 会自动从外部 1000H～FFFFH 程序存储器中读取程序。8051 访问片外程序存储器时，控制模块会自动产生低电平有效的 $\overline{PSEN}$ 信号使程序存储器的输出使能引脚(OE)有效。对于片内没有 ROM 的 8031 MCU，程序只能存储在片外 0000H 开始的程序存储器中，$\overline{EA}$ 必须始终接地。8051 单片机通过访问 3 个空间的指令助记符：MOV(访问片内数据存储器)、MOVX(访问片外数据存储器)、MOVC(访问程序存储器)产生不同的控制信号来区分访问的是哪一个空间。

如果需要大的数据存储空间，可以外部扩展最多 64KB 的数据存储空间，或者需要访问片外 I/O 端口(8051 的 I/O 端口与存储器是统一编址方式)，可以通过 MOVX 指令区分，MOVX 指令会根据指令含义产生对应的 $\overline{RD}$ 或 $\overline{WR}$ 控制信号。

当然，外部扩展数据或程序存储器时，必须使用图 2.3.4 中的方法，分离 P0 端口的数据和地址，锁存地址低 8 位，构成低 8 位地址总线。将地址总线和数据总线由低到高依次连接外扩存储器的地址与数据引脚，控制总线按图 4.3.1 所示接法即可。

4.3.2 片内 RAM 和特殊功能寄存器及复位初值

8051 单片机对 I/O 端口采用的是统一编址方式。片内地址 00H～7FH 的 128B RAM 用于暂存数据和运算的中间结果。地址 80H～FFH 分配给 P0～P3 端口、定时器、中断、串口等片内外设端口，用于访问片内外设。

片内的 128B RAM 可分成 3 部分：00H～1FH 为工作寄存器区；20H～2FH 为寻址区；30H～7FH 是通用数据缓冲区及堆栈区，如图 4.3.2 所示。00H～1FH 共 32 字节分为 4 组工作寄存器区，每组 8 个工作寄存器，分别记为 R0～R7，由状态寄存器 PSW 的 RS1、RS0 区分 4 组寄存器，RS1、RS0 取值 00 对应 0 组，寄存器地址为 00～07H，以此类推。20H～2FH 的 16 个单元可进行共 128 位的位寻址(操作数是字节中的一位)，每一位都有自己的地址，20H 单元最低位到 2FH 的最高位位地址依次为 00～7FH。当然，也可以对这 16 个单元进行字节寻址。

30H～7FH 是通用数据缓冲区及堆栈区。51 系列单片机的堆栈指针是 8 位寄存器，复位时，SP=07H。51 系列的堆栈是向上增长型(堆栈存放数据时 SP 是先加 1 后存数，向地址增大的方向生成堆栈)。设置 SP 初值时要考虑其存储数据的深度，由于堆栈的占用，会减少内部 RAM 的可利用单元，如果设置不当，可能引起堆栈与 RAM 数据冲突或者溢出(超出堆栈允许地址范围)。多数 CPU 堆栈溢出不会预警的。8051 堆栈的开辟要处理好如下因素：工作寄存器使用组数、中断及子程序嵌套深度、位单元与字节单元数量、利用堆栈保护的数据数量等。一般在程序初始化时将 SP 设置在 30H～7FH 区域。

80H～FFH 分配给 P0～P3 端口、定时器、中断、串口等片内外设端口或寄存器。表 4.3.1 是 8051 内部寄存器的地址分配及复位后的信息。各种外设端口对应的寄存器在后续相关内容中详细介绍，CPU 通过访问这些特殊功能寄存器可以方便地确定片内外设的工作方式并进行联络。

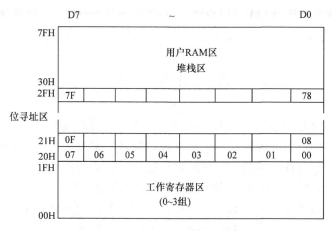

图 4.3.2　8051 片内 RAM 存储器

表 4.3.1　特殊功能寄存器地址及复位初值

寄存器符号	地址	可寻址的位地址	复位后的值	功能描述
P0	80H	80H～87H	0FFH	P0 端口
SP	81H		07H	堆栈指针
DPL	82H		00H	数据指针 DPTR 低字节
DPH	83H		00H	DPTR 高字节
PCON	87H		00H	波特率及低功耗控制寄存器
TCON	88H	88H～8FH	00H	定时/计数器控制寄存器
TMOD	89H		00H	定时/计数器工作方式寄存器
TL0	8AH		00H	定时/计数器 T0 低字节
TL1	8BH		00H	定时/计数器 T1 低字节
TH0	8CH		00H	定时/计数器 T0 高字节
TH1	8DH		00H	定时/计数器 T1 高字节
P1	90H	90H～97H	0FFH	P1 端口
SCON	98H	98H～9FH	00H	串口控制寄存器
SBUF	99H		××H	串口数据缓冲器
P2	A0H	A0H～A7H	0FFH	P2 端口
IE	A8H	A8H～AFH	0××00000B	中断使能寄存器
P3	B0H	B0H～B7H	0FFH	P3 端口
IP	B8H	B8H～BFH	×××00000B	中断优先级寄存器
PSW	D0H	D0H～D7H	00H	程序状态字寄存器
ACC	E0H	E0H～E7H	00H	累加器
B	F0H	F0H～F7H	00H	B 寄存器(乘除运算)

表 4.3.1 中的数据指针(DPTR)和程序指针(PC)有许多类似的地方，两者都是与地址有关的 16 位寄存器。其中，PC 存放程序存储器的地址，而 DPTR 与数据存储器的地址有关，可访问片外的 64KB 范围 RAM。但 DPTR 可以用传送指令访问，不作为地址使用时，DPTR 可以当作 16 位寄存器或两个 8 位寄存器使用。而 PC 是用户不能访问的。

4.4 8051 汇编语言指令集

汇编语言是面向处理器的，即不同处理器制造厂家的不同系列处理器各自有自己的汇编助记符、语法结构以及寻址方式。同一处理器制造厂家的不同系列处理器汇编语言及寻址方式也可能不同，导致汇编语言程序的可读性和可移植性差。但正是由于汇编语言与硬件的对应关系比较直接，程序容易理解，代码效益高等诸多优点，采用 C 语言和汇编混合编程也比较广泛。8051 是使用比较久也比较简单的一款微控制器，在此总结其汇编指令让大家对汇编指令有所了解。Intel 8051 系列是 CISC 结构的单片机。

4.4.1 寻址方式

寻址方式是指获得指令操作数的方式。一般 CPU 都有多种寻址方式，寻址方式越多，指令系统对应就越复杂。8051 有 7 种寻址方式：立即寻址、直接寻址、寄存器寻址、寄存器间接寻址、变址寻址、相对寻址和位寻址。

其实，指令中的每个操作数都有各自对应的寻址方式，下面介绍的几种寻址方式都是指"源操作数"的寻址方式。

(1) 立即寻址：指令中直接给出操作数，操作数前面必须加"#"。

```
MOV  A, #80H        ; A←80H
MOV  DPTR,#1000H    ; DPTR←1000H
```

(2) 直接寻址：指令中直接给出操作数的地址。

```
MOV  A, 50H  ; A←(50H)，将片内 RAM 的 50H 单元的内容送给 A
```

8051 直接寻址的空间有：SFR 存储空间(只能使用直接寻址)、内部数据 RAM 的 00~7FH 空间、248(00H~F7H)个位地址空间。

(3) 寄存器寻址：通用寄存器 A, B, DPTR, R0~R7 的内容是操作数。

```
MOV  A, R6  ; A←(R6)，将 R6 的内容送 A
```

(4) 寄存器间接寻址：寄存器中的内容是操作数的地址。能够用于寄存器间接寻址的寄存器有 R0、R1、DPTR，指令中寄存器名前加"@"表示间接寻址。寄存器间接寻址可以访问片内 RAM 和外部数据 RAM。对外部数据 RAM 寻址指令采用 MOVX，对内部数据 RAM 寻址采用 MOV。

```
MOV   A, @R0   ; A←((R0))，将片内 R0 所指单元的内容送给 A
MOVX  A, @R1   ; 使用 P2 端口提供高 8 位地址
MOVX  A, @DPTR ; A←((DPTR))
```

(5) 变址寻址：以基址寄存器 PC 或者 DPTR 的内容与变址寄存器 A 中的内容之和作为操作数的地址，变址寻址只能对程序存储器中的数据进行寻址，指令助记符为 MOVC。

```
MOVC  A, @A+DPTR  ; A←((DPTR+A))
MOVC  A, @A+PC    ; 是单字节指令 PC←(PC)+1, A←((PC+A))
```

(6) 相对寻址：是以 PC 内容为基础，加上指令中给出的 1 字节补码偏移量形成新的 PC 值的一种寻址方式。例如：

```
JZ  JPADD1  ; 累加器 A 为零时跳转到以 JPADD1 为标号的那条语句
```

要注意的是：JZ 指令机器代码是 2 字节，执行该指令时 PC 已经指向下一条指令，假设 JZ 代码存储在程序存储器的 1000H 和 1001H 单元,执行该条指令时 PC 值已经是 1002H 了，JPADD1 标号相对于当前 PC 值 1002H 位置就不能超过一字节的补码范围(−128～127)，即向高地址跳转不允许超过 127 单元，向低地址跳转不允许超过 128 个单元。

(7) 位寻址：以位地址中的内容为操作数。

```
MOV  C,20H  ; 将位地址 20H 中的内容送给位累加器 C
```

4.4.2 汇编指令

8051 系列单片机共有 111 条指令，指令的机器代码有单字节、双字节和三字节。单字节指令有 49 条，双字节 46 条，三字节 16 条。按照指令花费的机器周期可分为单机器周期 64 条，双机器周期 45 条，4 机器周期两条(乘法和除法)。指令按功能可分为数据传送类、算术运算类、逻辑运算类、控制转移类、位操作类等。介绍指令语法之前，先介绍指令中用到的符号含义说明，如表 4.4.1 所示。

表 4.4.1　指令用到的符号说明

符号	含义
Rn	代表寄存器 R0～R7, n=0～7
direct	直接地址，可以是 SFR 存储空间，内部数据 RAM 的 00～7FH 空间以及 221 个位地址空间
@Ri	寄存器间接寻址，i=0～1，即可用间接寻址寄存器 R0 或 R1，可访问内部数据 RAM 的 00～7FH 空间
#data	8 位常数或立即数
#data16	16 位常数或立即数
addr16	16 位目标地址，使用于 LCALL、LJMP 等指令
addr11	11 位目标地址，使用于 ACALL、AJMP 等指令
rel	rel 表示指令是相对转移，rel 翻译成机器代码是一个带符号的 8 位补码数。转移指令的转移目标地址=转移指令所在存储单元地址+该指令的机器代码字节数+rel。如果是手工汇编，就需要人工计算 rel 量，很麻烦。现在完全可以借助汇编器完成。因此，在编写包含 rel 的转移指令时，在目标地址指令前加一个标号，rel 直接用标号替代即可。使用于 SJMP、DJNZ、CJNE 等相对跳转指令中
bit	位地址。内部数据 RAM 的 20H～2FH，特殊功能寄存器的直接地址的位
←	在注释中使用，表示以右方的内容替代左边的内容，或者将右边值送给左边
(X)	表示操作数是 X 的内容
((X))	表示操作数是 X 的内容所指的存储单元的值

1. 数据传送类指令(29 条)

数据传送类指令主要用于实现数据的复制或转移，将源操作数送给目的操作数，是使用最多的一类指令。传送指令格式(交换指令和堆栈操作有例外)如下：

操作码助记符　目的操作数，源操作数

(1) 片内 RAM 之间或与累加器传送数据的指令主要有以下形式(助记符 MOV)：

```
MOV  A,Rn              ; 源操作数还可以是直接地址 direct、@Ri、#data
MOV  Rn,A              ; 源操作数还可以是 direct、#data
MOV  direct,A          ; 源操作数还可以是直接地址 direct1、@Ri、#data、Rn
MOV  @Ri,A             ; 源操作数还可以是直接地址 direct、#data
MOV  DPTR,# data 16
```

(2) 片外 RAM 或 I/O 端口的数据传送必须通过累加器，助记符为 MOVX，X 代表 eXternal，指令如下：

```
MOVX  A,@Ri
MOVX  @Ri,A
MOVX  A,@DPTR
MOVX  @DPTR,A
```

(3) 程序存储器向累加器 A 传送数据的指令有两条，助记符 MOVC，C 代表 Code。

```
MOVC  A,@A+DPTR
MOVC  A,@A+PC
```

例如，在程序存储器 2000H～2009H 单元依次存放了 0～9 转换为共阳极数码管显示需要的七段码，A 中是 0～9 的数即 BCD 码，通过以下程序即可获得对应七段码：

```
MOVC  DPTR,#2000H
MOVC  A,@A+DPTR
```

(4) 数据交换指令。

```
XCH   A,Rn    ; 源操作数还可以是直接地址 direct、@Ri
XCHD  A,@Ri   ; 累加器 A 的低 4 位与((Ri))低 4 位交换，即半字节交换
SWAP  A       ; 累加器 A 高低 4 位交换
```

(5) 堆栈操作类指令。

```
PUSH  direct  ; 数据入栈，SP 先加 1 后存数
POP   direct  ; 数据出栈，先读出数据后 SP-1
```

2. 算术运算类指令(24 条)

算术运算类指令共有 24 条，主要是对 8 位无符号数进行加、减、乘、除运算。这类指令大多数都会对程序状态字中的标志位有影响。另外 MCS-51 指令系统中有相当一部分是进行加、减 1 操作，BCD 码的运算和调整也都归类为运算指令。

(1) 不带进位位的加法指令。

ADD A,direct ；源操作数还可以是@Ri、#data、Rn

将 A 中的值与其后面的操作数相加，最终结果存于 A 中。

(2) 带进位位的加法指令。

ADDC A,direct ；源操作数还可以是@Ri、#data、Rn

将 A 中的值与其后面的操作数以及进位位 C 的值相加，最终结果存于 A 中。

(3) 带借位的减法指令。

SUBB A,direct ；源操作数还可以是@Ri、#data、Rn

将 A 中的值减去后面的操作数以及进位位 C，最终结果存于 A 中。

(4) 乘法指令。

MUL AB

将 A 和 B 中的两个 8 位无符号数相乘，相乘结果的高 8 位放在 B 中，低 8 位放在 A 中。乘积大于 FFFFH 时，溢出标志 OV 置 1，而 CY 总是 0。

(5) 除法指令。

DIV AB

将 A 中的 8 位无符号数除以 B 中的 8 位无符号数。商放在 A 中，余数放在 B 中。CY 和 OV 都是 0。如果在作除法前 B 中的值是 00H，也就是除数为 0，溢出标志 OV=1。

(6) 加 1 指令。

INC A ；源操作数还可以是 direct、@Ri、Rn、DPTR。操作数加 1

(7) 减 1 指令。

DEC A ；源操作数还可以是 direct、@Ri、Rn。操作数减 1

(8) 十进制调整指令。

DA A ；将 A 数据调整为 BCD 码，即 A+66H

3. 逻辑运算类指令(24 条)

(1) 单操作数指令。

CLR A ；将 A 清 0，单周期单字节指令
CPL A ；将 A 值按位取反
RL A ；将 A 值循环左移，即低位向高位移位，A_7 移到 A_0，如图 4.4.1 所示
RLC A ；带进位位 CY 循环左移，A_7 移进 CY，CY 移到 A_0
RR A ；将 A 值循环右移，即高位向低位移位，A_0 移到 A_7
RRC A ；带进位位 CY 循环右移，A_0 移到 CY，CY 移到 A_7

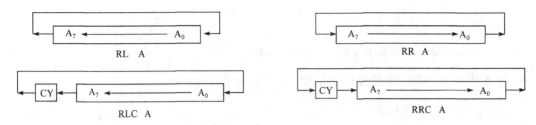

图 4.4.1 循环指令示意图

(2) 双操作数指令。

```
ANL A,Rn          ; 按位'与'结果在A中, 源操作数还可以是 direct、@Ri、#data
ANL direct,A      ; direct 中的值与A值按位'与', 结果送入 direct 中
ANL direct,#data  ; direct 中的值与立即数 data 按位'与', 结果送入 direct 中
ORL A,Rn          ; 按位'或'结果在A中, 源操作数还可以是 direct、@Ri、#data
ORL direct,A      ; direct 中的值与A值按位'或', 结果送入 direct 中
ORL direct,#data  ; direct 中的值与立即数 data 按位'或', 结果送入 direct 中
XRL A,Rn          ; 按位'异或'结果在A中, 源操作数还可以是 direct、@Ri、#data
XRL direct,A      ; direct 中的值与A值按位'异或', 结果送入 direct 中
XRL direct,#data  ; direct 中的值与立即数 data 按位'异或', 结果送入 direct 中
```

4. 控制转移类指令(17 条)

8051 转移指令主要有 5 种类型: 条件转移、无条件转移、比较转移、循环转移、调用与返回指令。

(1) 条件转移指令。

```
JZ  rel      ; 如果A等于0, 则转移, 否则顺序执行
JNZ rel      ; A不等于0则转移
```

(2) 无条件转移指令。

```
AJMP addr11  ; 无条件短转移指令, 在 2KB 范围内转移
LJMP addr16  ; 无条件长转移指令, 在 64KB 范围内转移
SJMP rel     ; 无条件相对转移指令
JMP  @A+DPTR ; 间接转移指令
```

(3) 比较转移指令。

```
CJNE A,#data,rel    ; 如果A不等于立即数 data 则转移
CJNE A,direct,rel   ; 如果A不等于 direct 存储单元的内容则转移
CJNE Rn,#data,rel   ; 如果 Rn 中内容不等于立即数 data 则转移
CJNE @Ri,#data,rel  ; Ri 所指 RAM 存储单元内容不等于 data 则转移
```

(4) 循环转移指令。

```
DJNZ Rn,rel       ; Rn 内容减 1 并送 Rn, 如果不为 0 则转移
DJNZ direct,rel   ; direct 存储单元内容减 1 并送 direct, 如果不为 0 则转移
```

(5) 调用与返回指令。

```
LCALL addr16  ；长调用指令，可以在 64KB 空间内调用
ACALL addr11  ；短调用指令，限在 2KB 空间内调用
RET           ；子程序返回指令
RETI          ；中断返回指令
```

8051 还有一条空操作指令 NOP，即不执行任何操作，是单字节单周期指令，机器代码为 00H，一般用作短时间的延时。I/O 传输时，也会用 NOP 指令进行等待。在被调用子程序前或者不同程序段之间填充几条 NOP，这样有可能在干扰或者程序跑飞情况下，抓到正常的用户程序，这是软件抗干扰常用的一种方法。

5. 位操作类指令(17 条)

(1) 位传送指令。

```
MOV C,bit     ；将 bit 位传送给位累加器 CY
MOV bit,C     ；将 CY 送给 bit 位
```

(2) 位控制指令。

```
CLR  C        ；使 CY=0，也可以是 CLR bit
SETB C        ；使 CY=1，也可以是 SETB bit
CPL  C        ；使 CY 取反，也可以是 CPL bit
```

(3) 位逻辑运算指令。

```
ANL  C,bit    ；CY 与 bit 位地址的值相与，结果送回 CY
ANL  C,/bit   ；CY 与 bit 的反码相与，结果送回 CY，但 bit 值不变
ORL  C,bit
ORL  C,/bit
```

(4) 位条件转移指令。

```
JC   rel      ；如果 CY=1，则转移，否则顺序执行
JNC  rel      ；如果 CY=0，则转移，否则顺序执行
JB   bit,rel  ；bit 值为 1，则转移，否则顺序执行
JNB  bit,rel  ；bit 值为 0，则转移，否则顺序执行
JBC  bit,rel  ；bit 值为 1，则转移且该位清零，否则顺序执行
```

4.5 8051 中断系统及汇编编程举例

8051 共有 5 个中断源：两个外部中断 INT0(P3.2)和 INT1(P3.3)，两个 8051 内部计数/定时器溢出中断，1 个 8051 内部串行接口发送和接收中断。这些中断源都是可屏蔽中断，可以通过软件屏蔽。

在 MCS-51 中断系统中，中断的允许或禁止是由片内可进行位寻址的 8 位中断允许寄存器 IE 来控制的，IE 格式如下(上电复位后为 0××00000B)：

D_7	D_6	D_5	D_4	D_3	D_2	D_1	D_0
EA	×	×	ES	ET1	EX1	ET0	EX0

EA 是中断总使能位。EA=0，中断被禁止，一般 MCU 上电后禁止可屏蔽中断。

ES 是串行接口中断允许位；ET1 和 ET0 分别是定时器 1 和 0 溢出中断允许位。

EX1 和 EX0 是外部中断 INT1 和 INT0 中断允许位；各标志位为 1 允许中断。

MCU 出厂后，中断源的优先级有固定的，也有可以通过软件设置两种方式。8051 可以软件设计，但只有两级。开机复位后，每个中断源都处于低优先级，8051 硬件决定了中断源在同一级的情况下，优先级由高到低的顺序是 INT0、T0、INT1、T1、串口，即 INT0 的优先级最高。

中断优先级中由中断优先级寄存器 IP 来设置，IP 中某位设为 1，相应的中断就是高优先级，否则就是低优先级，IP 格式如下(上电复位后为×××00000B)：

D_7	D_6	D_5	D_4	D_3	D_2	D_1	D_0
×	×	×	PS	PT1	PX1	PT0	PX0

8051 的中断向量表如下(即各中断源对应中断服务程序入口地址)：

上电复位：0000H　　外部中断 0：0003H

定时器 0：000BH　　外部中断 1：0013H

定时器 1：001BH　　串行接口：0023H

几乎所有微控制器的上电复位都可以看作优先级最高的中断源，上电复位后程序入口地址由 PC 确定，软件开发人员必须熟悉所用处理器上电后 PC 值是什么。8051 上电后 PC 值为 0000H，对应的就是上电复位的入口。8051 的中断向量采用的是跳转指令方式(而非直接存储中断服务程序入口地址)，在 0000H 开始的 3 个存储单元存储一条跳转指令的 3 字节代码，将程序引导至主程序。

8051 各中断源的中断向量表都留有 8 字节(例如，外部中断 0 的 0003H～000AH)给中断源，8051 的中断向量采用的是跳转指令方式，将程序跳转到对应的中断服务程序的入口，执行中断服务。如果中断服务程序代码不超过 8 字节，也可以将代码直接存储在对应中断向量表中，但一般不这么做。一般在程序存储器的关键地方(程序引导区，跳转指令、中断和子程序前后等)会存放一些 NOP 指令提高软件抗干扰能力。

8051 会在执行每条指令时去检测是否有中断，如果有中断而且允许中断，CPU 首先将断点地址即当前指令的下一条指令的地址送入堆栈，方便中断返回后继续执行程序指令。然后根据中断标志位(每个中断请求都有一个对应标志位)及优先级，将相应的中断入口地址送入 PC，CPU 根据 PC 值取指令，如果中断服务程序代码超过 8 字节，一般在入口处安排一个 LJMP 指令，转至用户服务程序入口即可。

目前软件设计人员多数用高级语言进行编程，用汇编语言编程的几乎很少，但是汇编与硬件的联系紧密，概念相对清楚。在此以汇编语言举例说明 8051 的编程框架，由于 20 世纪 80 年代使用汇编语言编程，必须人工将汇编程序翻译为对应的机器语言，因此，软件设计者必须熟悉每条汇编指令的机器代码。目前，由于汇编器强大的翻译能力，无须软件设计人员了解每个处理器的机器代码规则。下面为了说明程序代码的存储问题，直接标注出汇编程序对应的 8051 机器代码。

假设允许外部中断源 INT0 中断，一般 8051 的向量表及程序框架以如下方式处理。

```
机器代码          源程序                      注释
            ORG    0000H
02 10 00    LJMP   START      ；跳转至 START 标号开始的主程序
            ORG    0003H
02 20 00    LJMP   INT0       ；CPU 自动将主程序断点地址压入堆栈并将 0003H 送给 PC
                              ；到 0003H 单元执行该跳转指令，跳转到标号为 INT0 开始
                              ；的中断服务程序入口
            ORG    1000H
74 00       START: MOV    A,#00H  ；用到的资源进行初始化
            ……                    ；初始化之后开启中断等
                   MOV    IE,#81H ；允许 EX0 和 EA 中断
            ……
            MAIN:  ……              ；踏步循环中一般处理事务性工作及等待中断
                   AJMP   MAIN    ；主程序踏步循环
            ORG    2000H
90 21 00    INT0:  MOV    DPTR,#2100H
            ……
32                 RETI          ；CPU 自动将堆栈中保存的断点地址送回 PC
```

各中断源中断请求的有效性和中断标志在后续相应内容处再详细介绍。

上述程序经过汇编器和连接器后生成的可执行代码，存储在程序存储器后的内容如图 4.5.1 所示。程序存储器出厂后其内容一般都是 FFH。

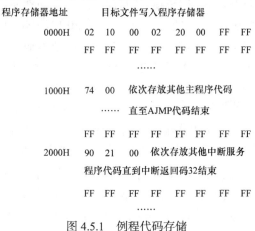

图 4.5.1　例程代码存储

4.6　MCU 片内 I/O 结构

在微控制器和可编程逻辑器件芯片内部(简称片内)，都集成有很多简单的 I/O 接口电

路并将信号引出到芯片之外形成 I/O 引脚,用于控制简单外围输入和输出设备。MCU 对 I/O 引脚的控制, 一般都是向对应的寄存器读或写数据,虽然统一编址 I/O 控制指令与访问存储器一样, 但 I/O 的速度一般都不及存储器, CPU 对 I/O 寄存器的写入输出数据, 其数值不一定很快反映到引脚上, 特别是具有写引脚后读回引脚状态并进行运算指令的 MCU, 一定要关注 I/O 引脚作为输出时, 输出数据的时间, 否则可能出现错误结果。

4.6.1 MCU 的 I/O 结构特点

MCU 的 I/O 内部电路一般都包含多路选择器、三态门、锁存器、缓冲器等部件以增强芯片引脚的功能, 使得这些引脚具有多种功能。第一, 可以作为通用的 I/O 引脚功能, 即通过编程确定该引脚作为输入(Input, 简写为 I)或者输出(Output, 简写为 O)。作为输入引脚时, 内部 I/O 电路的输出必须处于高阻态, 使外部引脚的数据可以送到 CPU 内部总线, 有些 MCU 的 I/O 内部电路均有可编程的上拉或下拉电阻, 按键输入时无须外接元器件。作为输出时一般都有锁存器, 保持 CPU 送出的输出数据。第二, 多数 MCU 的 I/O 引脚还具有其他特殊功能。例如, 像 8051 的 P3 端口既可以作为通用 I/O 使用, 也可以作为串行通信的接收、发送、外部中断输入、控制信号输出等功能引脚使用。由于 IC 器件制造、封装等问题, MCU 的 I/O 引脚多数都具有至少三个功能: 输入、输出、一个甚至多个特殊功能等。但任何时候, 一个 I/O 引脚只能工作在其中一种方式, 具体工作在哪种方式由编程确定。TI 的 C2000 系列 DSP 每种芯片都有几十个 I/O 引脚, 全部是多功能的。

4.6.2 8051 的 P0 端口

图 4.6.1 是 8051 微处理器的 4 个 8 位 I/O 端口 P0、P1、P2、P3 的某一个引脚(图中 x 代表 0~7)的内部工作原理图。4 个端口都可以作为通用 I/O, 但其结构和作用稍有不同。器件厂家一般不会公布内部详细电路图, 本书介绍的结构图一般来源于厂家器件手册中对原理的介绍, 使用者学习的目的在于搞清楚原理之后, 正确地使用器件。

P0 口的字节地址为 80H, 位地址为 80H~87H。P0 口的某一位电路包括 1 个数据输出 D 锁存器, 用于进行数据位输出时的锁存。两个三态的数据输入缓冲器, 分别用于锁存器数据和引脚数据的输入缓冲。1 个多路选择器 MUX, 用来设置 P0 口是用作地址/数据还是 I/O。还包括由两只场效应管组成的数据输出驱动和控制电路。

图 4.6.1 中, 当 CPU 使控制 $C=0$ 时, MUX 向下, P0 口为通用 I/O 口。

当 $C=1$ 时, MUX 向上接反相器输出, 端口分时为地址/数据总线使用。

当 8051 组成的系统无外扩存储器, CPU 对片内存储器和 I/O 口读写时, 执行访问 CPU 片内存储器的 MOV 指令, 或 $\overline{EA}=1$(即访问片内程序存储器)的条件下执行 MOVC 指令时, CPU 硬件自动使控制 $C=0$, MUX 开关向下, 将锁存器的输出 $\overline{Q}$ 端与输出级 T2 接通; 同时, 因与门输出为 0, 输出级中的上拉场效应管 T1 处于截止状态, 因此, 输出级是漏极开路电路。这时 P0 口可作为一般 I/O 口用。当 P0 用作为输出口时, 漏极开路方式需要外接上拉电阻才能输出高电平。当 CPU 执行输出指令时, 输出数据加在锁存器 D 端, $\overline{Q}$ 端$=\overline{D}$, 若 D 端数据为 0, 则 $\overline{Q}$ 为 1, 场效应管 T2 导通, 输出 0。若 D=1, T2 截止, 输出被上拉电阻拉成高电平, 这样数据总线上的信号 D 被准确地送出到引脚上。

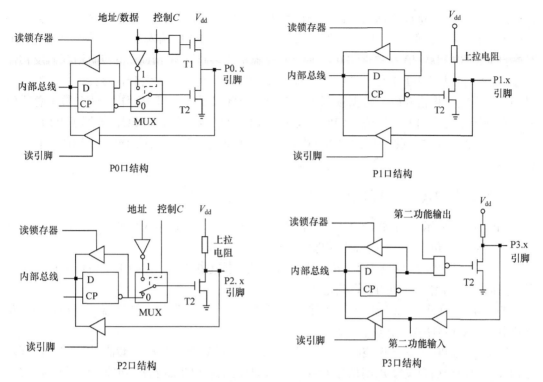

图 4.6.1   8051 的 4 个 I/O 端口 8 位的某一位引脚内部电路图

当 P0 用作输入口时, "读引脚"脉冲把对应的三态缓冲器打开, 引脚的数据经过缓冲器读入到内部总线。这类操作由数据传送指令实现, 在读入引脚数据时, 由于输出驱动场效应管 T2 并接在引脚上, 如果 T2 导通就会将输入的高电平拉成低电平, 以至于产生误读。所以, 在进行引脚输入操作前, 应先向端口锁存器写入"1", 使 T2 截止, 引脚处于悬浮状态, 可作高阻抗输入。

P0 还可以 "读锁存器", 这种方式并不从外部引脚读入数据而是把端口锁存器的内容读入到内部总线。CPU 将根据不同的指令分别发出读锁存器或读引脚信号以完成不同的操作。例如, 执行一条 ANL P0, A。指令的过程是: 读 P0 口 D 端锁存器中的数据, 使"读锁存器"信号有效, 三态缓冲器导通, Q 端的数据和累加器 A 中的数据进行"逻辑与"操作, 结果送回 P0 端口锁存器。凡是这种属于读-修改-写方式的指令, 都是读锁存器。读锁存器可以避免因外部电路的原因而使原端口的状态被读错。比如, 若某 P0 端口驱动一个晶体管的基极, 若端口输出逻辑 1, 使晶体管发射结导通导致基极电压为 0.7V, 若此时读该 P0 端口引脚数据则会是低电平, 显然与之前输出的逻辑 1 不一致。

当 8051 外扩存储器, CPU 对片外存储器读写, 即执行 MOVX 指令, 或在 $\overline{EA}$ =0 的条件下执行 MOVC 指令时, CPU 翻译完相关访问指令后自动使控制 C=1, MUX 开关拨向反相器输出端。此时, P0 口作为地址/数据总线使用, 即低 8 位地址和 8 位数据分时使用 P0 端口, 地址或数据为 1 时, T1 管导通、T2 截止, 输出 1; 地址或数据为 0 时, T1 截止、T2 导通, 输出 0。可见, 在输出 "地址/数据" 信息时, 输出是由 T1 和 T2 两个 NMOS 管组成的推拉式结构, 带负载能力很强, 可以驱动约 8 个 LSTTL 门, 一般直接与外设或存储器相连，无须增加总线驱动器。P0 口作为地址/数据总线使用时，又分为两种情况：一种是以 P0 口引脚输出低 8 位地址或数据信息；另一种是由 P0 口输入数据，这种情况下，CPU 时序自动使"控制"信号 C 为"0"，使 T1 管截止，多路开关 MUX 也转向锁存器反相输出端，CPU 自动将 0FFH 写入 P0 口锁存器，使 T2 管截止，在读引脚信号控制下，通过读引脚三态门电路将指令码或数据读到内部总线。由此可见，一旦 P0 作为地址/数据总线使用，在读指令码或输入数据前，CPU 自动向 P0 口锁存器写入了 0FFH，破坏了 P0 口原来的状态。因此，不能再作为通用的 I/O 端口。一般情况下，P0 口都是作为低 8 位地址/数据总线使用。

4.6.3 8051 的 P1、P2 和 P3 端口

如图 4.6.1 所示，P1 端口由 1 个输出 D 锁存器、2 个三态输入缓冲器和输出驱动电路组成，驱动电路包含 T2 和内部上拉电阻。

P1 端口通常作为 I/O 使用，作为输出时无须外接上拉电阻；当 P1 端口作为输入时，必须先向 D 锁存器写 1 使 T2 管截止。

如图 4.6.1 所示，P2 端口由 1 个输出 D 锁存器、2 个三态输入缓冲器、反相器、多路选择器 MUX 和输出驱动电路组成。

P2 端口与 P0 端口有些类似之处，当需要访问外部数据和程序存储器时，CPU 在翻译完相关访问指令后自动使控制信号 C=1，P2 端口输出待访问的存储器地址高 8 位，构成高 8 位地址总线；不访问外部存储器时，与 P0 一样，P2 端口也可以作为 I/O 使用。

如图 4.6.1 所示，P3 端口由 1 个输出 D 锁存器、3 个三态输入缓冲器、1 个与非门和输出驱动电路组成。

对 P3 端口进行字节或位寻址时，单片机内部的硬件自动将图 4.6.1 中"第二功能输出"线置 1。这时，P3 端口作为通用 I/O 口方式。输出时，D 锁存器的 Q 端状态与输出引脚的状态相同；输入时，首先要向口 D 锁存器写入 1，使 T2 截止，输入的数据在"读引脚"信号的作用下，进入内部数据总线。

当微处理器不对 P3 口进行字节或位寻址时，内部硬件自动将 P3 口 D 锁存器置 1。这时，P3 口作为第二功能使用，第二功能分别如下：P3.0 和 P3.1 分别作为异步串行通信的接收输入 RxD 和发送输出 TxD 使用；P3.2 和 P3.3 分别输入外部中断请求 INT0 和 INT1 信号；P3.4 和 P3.5 分别作为定时/计数器 T0 和 T1 的外部计数脉冲输入端；P3.6 和 P3.7 分别输出访问外部数据存储器的写($\overline{WR}$)和读($\overline{RD}$)控制信号。

P3 口作为第二功能输出时(如 TxD 等)，由于该位的 D 锁存器已自动置 1，"与非"门对第二功能输出是畅通的，即引脚的状态与第二功能输出是相同的。

P3 口作为第二功能输入时(如 RxD 等)，由于此时该位的 D 锁存器和第二功能输出线均为 1，场效应晶体管 T2 截止。引脚信号经输入缓冲器进入单片机内部的第二功能输入线。

P1、P2 和 P3 端口输出为低电平时可以吸收约 20mA 的灌电流负载，输出为高电平时，是通过内部一个较大的电阻上拉的，因此，高电平驱动能力较差。当然，即使同一系列，不同型号单片机的参数也会有差异。

4.7 MCU 片内定时/计数器

计数器一般都具有计数、分频和定时的功能，因此也常称为定时/计数器(Timer/ Counter)。"数字电子技术"课程中介绍了很多中规模集成计数器，如74293、74161、74160 等。目前这些独立的中规模集成计数器基本不再使用，其功能逐步由可编程逻辑器件实现。几乎所有的微控制器芯片内部，也都集成有多个且具有多种工作模式的可编程计数器，通过软件编程确定计数器如何工作。不同 MCU 的片内定时/计数器工作方式不同，计数的方向也不同，有些 MCU 采用加法计数(一般都是加 1 计数)，有些采用减法计数(减 1)。MCU 片内的定时/计数器也算是一个最基础的片内外设接口，系统的定时作用常常用它实现。

4.7.1 8051 定时/计数器控制寄存器

要使用好 MCU 的片内外设，必须熟悉其控制寄存器每一位取值的含义，这样才能正确地确定外设工作方式以及按照要求正常工作。了解各控制寄存器在 MCU 上电复位后的初值可以知道外设上电后的默认情况。简单片内外设的控制位和状态位往往共用一个寄存器。器件厂商对控制寄存器的命名与汇编语言操作码助记符类似，都是其对应含义的英文缩写。

8051 芯片中有 T0 和 T1 两个加法(每来一个脉冲加 1)定时/计数器,由 TMOD 和 TCON 两个特殊功能寄存器进行控制，TMOD 是定时器工作方式寄存器，TCON 是定时器控制寄存器。定时/计数器有 4 种工作方式：模式 0、模式 1、模式 2 和模式 3(只适合 T0)，分别是 13 位、16 位、8 位可自动重载和两个独立的 8 位计数器 TH0、TL0。

TCON 是 8 位的定时器控制寄存器，字节地址为 88H，各位的含义如下：

	D_7	D_6	D_5	D_4	D_3	D_2	D_1	D_0
位地址	8F	8E	8D	8C	8B	8A	89	88
位符号	TF1	TR1	TF0	TR0	IE1	IT1	IE0	IT0

单片机复位时 TCON 内容为 00H，即每位均为 0。状态和控制位共用该寄存器。

TF0 和 TF1——T0 和 T1 溢出标志位，当计数溢出(回零)时，该位置 1。计数溢出的标志位的使用有两种情况：一是采用中断方式，作为中断请求标志位使用，一旦转向中断服务，硬件自动将该位清 0；二是采用查询方式，CPU 一直查询该位，若查询到该位为 1 说明溢出，进行相应处理工作。

TR0 和 TR1——T0 和 T1 运行控制位。

TR0(TR1)=0，停止定时器/计数器工作。

TR0(TR1)=1，启动定时器/计数器工作。

IE0 和 IE1——8051 的外部中断 INT0 和 INT1 的中断使能位，置 1 允许中断。

IT0 和 IT1——外中断 INT0 和 INT1 的中断请求信号方式控制位。

IT0(IT1)=1，边沿方式(下降沿触发有效)。

IT0(IT1)=0，电平方式(低电平触发有效)。

TMOD 是 8 位的定时器工作方式寄存器，地址为 89H，各位的含义如下：

D_7	D_6	D_5	D_4	D_3	D_2	D_1	D_0
GATE	$C/\overline{T}$	M1	M0	GATE	$C/\overline{T}$	M1	M0

其中低 4 位定义定时/计数器 T0，高 4 位定义定时/计数器 T1。单片机复位时 TMOD 内容为 00H，即每位均为 0。TMOD 不能位寻址。

GATE——定时/计数器启动控制位。

　GATE=1 时，由外部中断引脚 INT0，INT1 和 TCON 的 TR0，TR1 来启动定时器。

　　当 INT0 引脚为高电平且 TR0 置位时，启动定时器 T0(可见图 4.7.1 门电路)。

　　当 INT1 引脚为高电平且 TR1 置位时，启动定时器 T1。

　GATE=0 时，仅由 TR0 和 TR1 置位分别启动定时器 T0 和 T1。

$C/\overline{T}$——时钟源选择位(见图 4.7.1，Counter/Timer，高电平计数，低电平定时)。

　$C/\overline{T}$=1 时，对外部引脚 T0(P3.4)或 T1(P3.5)信号计数。

　$C/\overline{T}$=0 时，对振荡器时钟信号的 12 分频进行计数，起到定时作用。

M1、M0——工作方式选择位，下面具体介绍。

M1 M0	工作方式	计数器模式
0　0	方式 0	13 位计数器，模为 2^{13}
0　1	方式 1	16 位计数器，模为 2^{16}
1　0	方式 2	自动重装 8 位计数器，模为 2^{8}
1　1	方式 3	T0 分为 2 个 8 位计数器，T1 为波特率发生器

4.7.2　8051 定时/计数器控制工作方式

几乎所有 MCU 片内定时/计数器都有多种工作方式，不同处理器工作方式不同，都是可编程的定时/计数器，通过编程确定工作在某一方式。

1. 工作方式 0(M1 M0=00)

定时/计数器的工作方式 0 是 13 位定时/计数方式，这一方式是为了兼容早前的单片机系列。它由 TLi(TL 是计数器低 8 位，i=0 指 T0，i=1 指 T1)的低 5 位和 THi(i=0 或 1，TH 是计数器高 8 位)的 8 位构成 13 位计数器。下面对 4 种工作方式的介绍都以定时/计数器 T1 为例，T0 工作方式类似。T1 工作方式 0 的逻辑结构如图 4.7.1 所示，它由 TL1 的低 5 位和

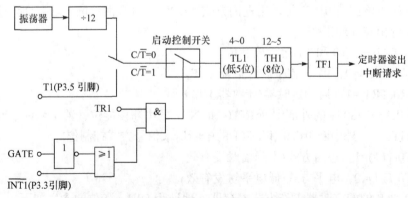

图 4.7.1　定时/计数器 T1 工作方式 0 逻辑结构框图

8 位 TH1 构成 13 位计数器, 此时 TL1 的高 3 位未用。定时/计数器能否工作由图 4.7.1 中"启动控制开关"值确定, 为 1 时开关闭合, 将 13 位计数器与左边的时钟源(振荡器 12 分频信号或者 P3.5 输入的外部时钟)接通进行定时或计数, 为 0 时开关断开, 禁止计数。

GATE=0, 启动控制开关的状态只取决于 TR1, TR1 为 1 时开关闭合, 计数脉冲送给 13 位计数器计数, TR1 等于 0 时开关断开, 计数脉冲无法通过。

GATE=1, 启动控制开关的状态不仅由 TR1 来控制, 而且要受到 $\overline{INT1}$ 引脚的控制, 只有 TR1 为 1, 且 $\overline{INT1}$ 引脚也是高电平时, 开关才闭合, 计数脉冲通过。这个特性可以用来测量 $\overline{INT1}$ 信号的高电平宽度。

2. 工作方式 1(M1 M0=01)

定时/计数器 T1 工作方式 1 逻辑结构框图如图 4.7.2 所示, 它由 TL1 和 TH1 构成 16 位计数器。其他控制位作用和工作方式 0 一样。

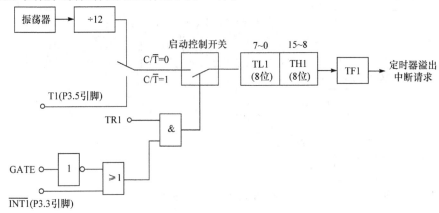

图 4.7.2 定时/计数器 T1 工作方式 1 逻辑结构框图

3. 工作方式 2(M1 M0=10)

定时/计数器 T1 工作方式 2 逻辑结构框图如图 4.7.3 所示, 为 8 位计数器, 可以自动重

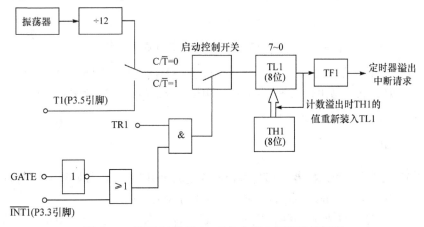

图 4.7.3 定时/计数器 T1 工作方式 2 逻辑结构框图

装初值。TH1 用来存放初值。当计数器 TL1 溢出(TL1 回 0)时,一方面将 TF1 置 1,另一方面自动将 TH1 的值装入 TL1。

4. 工作方式 3(M1 M0=11)

工作方式 3 只适用于定时/计数器 T0。当 T0 工作在方式 3 时,T1 的 TF1、TR1 资源借给 T0 使用,将 16 位的计数器分为两个独立的 8 位计数器 TH0 和 TL0。其中 TL0 构成一个完整的 8 位定时器/计数器,而 TH0 则是一个仅能对晶振频率 12 分频信号计数的定时器,其结构如图 4.7.4 所示。当 T0 工作在方式 3 时,T1 可以设置成方式 0、1 或 2,由于 T1 让出了 TR1 和 TF1,这种情况下,T1 工作在方式 0、1 或 2 时,单片机使图 4.7.1~图 4.7.3 中的"启动控制开关"始终闭合。T1 可以用在任何不需要中断控制的场合,例如,作为串行通信的波特率发生器(见 4.8.2 节)。

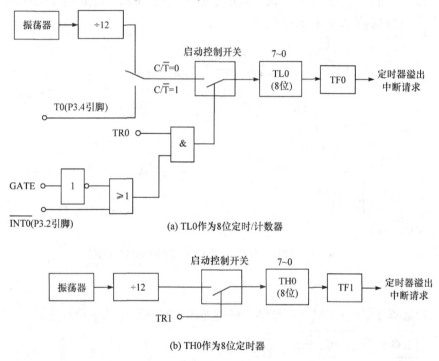

(a) TL0作为8位定时/计数器

(b) TH0作为8位定时器

图 4.7.4 定时/计数器 T0 工作方式 3 逻辑结构框图

T0 和 T1 的计数值可以通过读取 TH0、TL0、TH1、TH0 查询,但实际应用特别是实时控制中,一般会利用溢出信号产生中断,利用中断服务进行计数定时处理。这样就需要处理计数器初值。

4.7.3 应用举例

试用 8051 中的定时/计数器 T0 产生 1ms 的定时,并在 P1.0 引脚输出周期为 2ms 的方波信号,假设单片机采用的外部晶体振荡器频率为 6MHz。

首先要考虑 T0 工作在哪一种方式可以满足设计要求,然后计算 T0 的计数器初始值。T0 作为定时器使用时,计数源应该选择晶体振荡器产生的时钟,6MHz 时钟 12 分频后周

期为 $T=12/6×10^{-6}$s$=0.002$ms，要产生 1ms 定时，计数脉冲为 1/0.002=500，显然 T0 工作方式 2 和 3 的 8 位定时/计数器的模值不够，不能满足要求。因此，选择使用工作方式 0 的 13 位定时/计数模式，设初值为 x，则 $x=2^{13}-500=7692=$1E0CH，转为二进制为 1 1110 0000 1100B，取初值低 13 位，将低 5 位送给 TL0(不用的 TL0 高三位可写 0)，高 8 位写入 TH0，即设定 TH0 初值为 0F0H，TL0 初值为 0CH，然后启动计数器计数 500 个脉冲溢出时，定时时间就是 1ms。

8051 复位以后，TMOD 和 TCON 初值为 0，本例要求 T0 工作在方式 0，C/$\overline{\text{T}}$=0，GATE=0，TMOD 初值刚好满足要求，初始化程序就不必对 TMOD 设置初值 00H，本例通过查询状态位 TF0 来控制 P1.0 输出，每溢出一次 P1.0 取反输出，则在 P1.0 输出周期为 2ms 的方波。通过查询 TF0 实现题目要求的汇编程序如：

```
            ORG     0000H
            LJMP    START           ; 跳转至 START 标号开始的主程序
            ORG     1000H
START:      MOV     TL0,#0CH        ; 计数初值写入 TL0 和 TH0
            MOV     TH0,#0F0H
            SETB    TR0             ; 启动 T0 定时器
LOOP:       JBC     TF0,JMPNEXT     ; TF0 为 1 转移且该位清零
            AJMP    LOOP            ; TF0 为 0 循环等待
JMPNEXT:    MOV     TL0,#0CH        ; 重置计数初值
            MOV     TH0,#0F0H
            CPL     P1.0            ; 每 1ms 将 P1.0 求反输出
            AJMP    LOOP            ; 循环检测 TF0 状态
            END                     ; 汇编程序结束伪指令
```

如果要采用中断方式处理 TF0 溢出事件，由 4.5 节可见，定时/计数器 T0 的中断向量表入口地址是 000BH，汇编程序如下：

```
    ORG     0000H
            LJMP    START           ; 跳转至 START 标号开始的主程序
    ORG     000BH
            LJMP    TimerT0S        ; 进入 T0 中断服务程序
    ORG     1000H
START:      MOV     SP,#5FH         ; 设置堆栈指针，存放断点地址
            MOV     TMOD,#00000000B ; T0 工作方式 0 定时，仅 TR0 启动
                                    ; 由于控制寄存器每位代表不同含义，常用二进制表示其取值更清晰
            MOV     TL0,#0CH        ; 计数初值写入 TL0 和 TH0
            MOV     TH0,#0F0H
            SETB    ET0             ; 允许定时器 0 中断
            SETB    EA              ; 打开 8051 总中断允许
            SETB    TR0             ; 启动计数器 0 开始计数
LOOP:       AJMP    LOOP            ; 主程序在此循环等待中断
TimerT0S:   MOV     TL0,#0CH        ; 重置计数初值
            MOV     TH0,#0F0H
```

```
CPL   P1.0                    ; 每 1ms 将 P1.0 求反输出
RETI                          ; 中断返回
END                           ; 汇编程序结束伪指令
```

4.8   MCU 片内串行通信接口

通信是指计算机(或包含处理器的数字系统)与外界的信息传输，既包括计算机与计算机之间的传输，也包括计算机与外部设备，如终端、打印机和磁盘等设备之间的传输。通信一般有两种方式：并行通信和串行通信。串行通信是指使用一条数据线，将数据一位一位地依次传输，每一位数据传送占据一个固定的时间长度。如果一组数据的各数据位在多条线上同时被传输，这种传输方式称为并行通信。通俗地讲，并行通信犹如一条多车道的宽阔大道，而串行通信则是仅能允许一辆汽车通过的乡间公路。但由于串行通信节省传输线，尤其是在远程通信时，此特点尤为重要。特别值得一提的是，现成的公共电话网是通用的长距离通信介质，它虽然是为传输声音信号设计的，但利用调制解调技术，可使现成的公共电话网系统为串行数据通信提供方便、实用的通信线路。

而且，并行数据传输技术随着数据传输率的不断提高遇到了许多障碍。首先，由于并行传送方式的前提是用同一时序传播信号，用同一时序接收信号，而过分提升时钟频率将难以让数据传送的时序与时钟合拍，布线长度稍有差异，数据就会以与时钟不同的时序送达。其次，提升时钟频率还容易引起信号线间的相互干扰。若增加数据位宽无疑会导致硬件电路板的布线数目随之增加，成本随之攀升。种种原因导致并行通信难以实现高速化。从技术的发展来看，串行通信方式大有取代并行通信方式的势头，USB 取代 IEEE 1284，PCI Express 取代 PCI。

同时，随着通信技术和计算机网络技术的发展及普及，计算机远程通信已渗透到国民经济的各个领域，所以了解和研究串行通信中的概念与技术有非常重要的意义。

4.8.1   串行通信的基本概念

串行通信适合于远距离传送，通信的距离可以从几米到数千公里。早期计算机的 25 针并行打印机接口在目前的计算机上已经很难找到。虽然计算机内部的数据总线及数据处理是并行的，但与外部设备通信的接口都基本采用串行通信。例如，以太网、USB、GPIB、无线、光纤、RS-232C、CAN、I^{2}C、蓝牙等接口。随着具有标准串行通信接口的产品越来越多，在 MCU 内部或多或少都集成了串行通信接口电路，最常用的就是通用异步收发传输器(Universal Asynchronous Receiver/Transmitter, UART)，串行通信时，发送器与接收器进行并行和串行数据的相互转换以及接收与发送，8051 单片机的串口就是采用 TTL 电平的一种 UART。

1. 数字信号的表示方式

串行数据在传送时通常采用调幅(AM)和调频(FM)两种方式传送数字信息。

幅度调制是用某种电平或电流来表示逻辑"1"，称为传号(mark)；而用另一种电平或电流来表示逻辑"0"，称为空号(space)。使用 mark/space 形式通常有四种标准：TTL 标准、

RS-232 标准、20mA 电流环标准和 60mA 电流环标准。

TTL 标准在"数字电子技术"课程中应该已经非常熟悉了，采用正逻辑体制时，用+5V 电平表示强逻辑"1"；用 0V 电平表示强逻辑"0"。RS-232 标准是用–5～–15V 的任意电平表示逻辑"1"；用+5～+15V 电平表示逻辑"0"，采用的是负逻辑。20mA 电流环标准，线路中存在 20mA 电流表示逻辑"1"，不存在 20mA 电流表示逻辑"0"。20mA 电流环信号仅 IBM PC 和 IBM PC/XT 提供，至 AT 机及以后，已不支持。60mA 电流环标准与 20mA 类似。

频率调制方式是用两种不同的频率分别表示二进制中的逻辑"1"和逻辑"0"，通常使用曼彻斯特编码标准和堪萨斯城标准(详细内容请查其他资料)。

2. 数据传输率

数据传输率是指单位时间内传输的信息量，可用比特率和波特率来表示。

在数字信道中，比特率是指数字信号的传输速率，它用单位时间内传输的二进制代码的有效位(bit)数来表示，其单位用每秒比特数 bit/s、每秒千比特数(Kbit/s)或每秒兆比特数(Mbit/s)来表示。位时间是指传送一个二进制位所需时间。

波特率是指每秒传输的符号数，若每个符号所含的信息量为 1 比特，则波特率等于比特率。在计算机中，一个符号的含义为高低电平，它们分别代表逻辑"1"和逻辑"0"，所以每个符号所含的信息量刚好为 1 比特，因此在计算机通信中，常将比特率称为波特率。计算机中常用的波特率是 110、300、600、1200、2400、4800、9600、19200、28800、33600、56Kbit/s 等。

3. 串行通信的数据传送方式

根据信息的传送方向，串行通信可以进一步分为单工、半双工和全双工三种。假设收发双方为 A 和 B，三种通信方式的原理如图 4.8.1 所示。图 4.8.1(a)的 A 只有发送器，B 只有接收器，信息只能单向传送为单工；半双工通信既可以发送数据又可以接收数据，但不能同时发送和接收。在任何时刻只能由其中的一方发送数据，另一方接收数据，如图 4.8.1(b) 所示；信息能够同时双向传送则称为全双工，如图 4.8.1(c)所示。半双工和全双工的收发双方都有各自的接收器和发生器，接收器和发送器的电路核心都是移位寄存器，实现并行和串行数据的相互转换，并移位接收或发送。

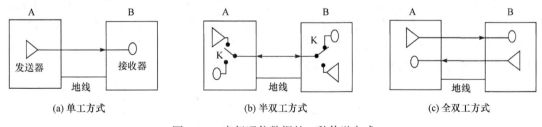

图 4.8.1　串行通信数据的 3 种传送方式

对于 MCU 内部的串行通信接口，基本上都是可以全双工方式工作的，使用者也不必关心接收器和发送器具体结构。在全双工方式中，A 和 B 都有发送器与接收器，有两条传送线，可在交互式应用和远程监控系统中使用，信息传输效率较高。RS-232、RS-422 等都是全双工方式通信。

4. 异步串行通信分类及数据帧格式

根据通信时钟不同，串行通信又分为异步通信和同步通信两种方式。与数字电子技术的同步和异步时序电路概念类似，如果通信双方采用同一时钟则为同步串行通信，提供时钟的设备为主设备。如果通信双方采用各自的时钟进行数据的接收和发送，则为异步串行通信。早期的单片机主要使用异步通信方式，多数 DSP 内部既有同步串行通信接口也有异步串行通信接口。

异步串行通信是以字符为单位进行传送的，传送一个字符的信息格式称为帧格式，一帧格式如图 4.8.2 所示，一般包含 4 部分信息：起始位、数据位、奇偶校验位和停止位。起始位为低电平 0 表示一帧信息的开始，然后是由低位到高位的数据位，数据位一般是 5~8 位(个别 MCU 可以是 9 位数据)，数据位之后是奇偶校验位(可有可无，编程确定)，最后是高电平停止位(1~2 位)。经常用 RxD 表示异步串行通信接口的接收引脚，TxD 表示发送引脚。

图 4.8.2　异步串行通信帧格式

异步串行通信的双方在进行通信之前，要编程约定好帧格式和波特率。通信双方的波特率必须一致。

同步串行通信是以数据块方式进行数据传送的，它取消了异步的起始位和停止位，每个数据块开头附加了 1 个或者两个同步字符，数据块之后也有纠错校验字符。同步通信的双方接收器和发生器使用同一时钟。同步通信传输速率高，适合于高速、大容量的数据通信。

5. 发送器时钟和接收器时钟

在串行通信中，二进制数据以数字信号的信号形式出现，不论是发送还是接收，都必须有时钟信号对传送的数据进行定位。在 TTL 标准表示的二进制数中，传输线上高电平表示二进制 1，低电平表示二进制 0，且每一位持续时间是固定的，由发送时钟和接收时钟的频率决定。

发送器发送数据时，先将要发送的并行数据送入移位寄存器，然后在发送时钟的控制下，发送器先发出一位低电平的起始位，然后根据通信双方约定好的帧格式，由数据 LSB 位到停止位，依次经发送引脚 TxD 串行输出，如图 4.8.3 所示(图中假设发送的是 0110011B 共 7 位数据位，无校验位，1 位停止位)。

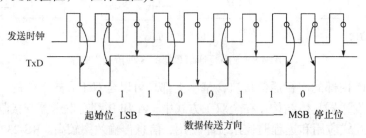

图 4.8.3　发送器数据发送原理

异步串行通信在接收串行数据时，接收器在接收时钟 CLK 的上升沿对 RxD 引脚的数据不断地进行检测，如图 4.8.4 所示。为了防止干扰行为，接收器在每一个传送的数据位时间内，一般包含多个检测或接收数据的时钟信号 CLK，图 4.8.4 中为 8 个，一旦检测到 RxD 为低电平，表示一帧信息传送开始，接收器则继续接收后续的数据位、奇偶校验位(若有的话)和停止位。数据位检测一般也采用多数表决方式，在数据位稳定时连续检测 3 次数据位，多数为 1 则该数据位为 1，多数为 0 则为 0。停止位被正确检测到之后，完成了一帧信息的接收，移位寄存器将接收到的数据进行串并转换，等待 CPU 读取。

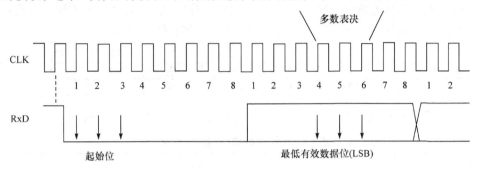

图 4.8.4　异步串行通信的数据接收及同步方式

使用 MCU 内部的串行通信接口时，使用者不必关心发送器和接收器的具体结构。需要了解其控制寄存器确定工作方式，启动发送和接收。MCU 的串行通信接口中，一般都有发送和接收完成的标志位，用户要掌握如何通过检测该位逻辑状态确定是否发送下一个数据或接收数据。当然，这些状态位也可以作为中断源通过中断方式进行收发数据，效益更高。

4.8.2　8051 单片机的串行通信接口

2.1 节介绍了 MCU 片内集成越来越多的外设接口电路以及如此做的好处。8051 片内集成了一个串行通信接口，这是一个可编程的全双工异步串行通信接口，结构框图如图 4.8.5 所示，电路上下两部分分别是发送器和接收器各模块，通过引脚 RxD(串行数据接收端，P3.0)和引脚 TxD(串行数据发送端，P3.1)与外界串行通信。接收和发送缓冲器 SBUF 地址相同，都是 99H，但它们是两个物理串口缓冲寄存器，一个只能被 CPU 读出数据，一个只

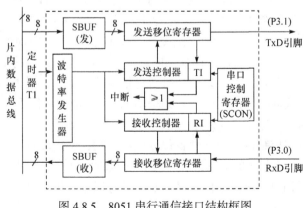

图 4.8.5　8051 串行通信接口结构框图

能被 CPU 写入数据，即通过读/写指令可以区分，不会出现冲突。图中的串口控制寄存器 SCON 用于存放控制和状态信息，还有一个波特率控制寄存器 PCON，用于改变串口通信的波特率。发送器和接收器的工作情况分别反映在 TI 和 RI 两个状态位上，通过软件查询方式可以确定是否进行接收和发送数据，TI 和 RI 也可以作为中断源，向 CPU 申请中断，在中断中处理数据的接收或发送。

1. 8051 串口寄存器

串行口控制寄存器(SCON)用于定义串行口的工作方式、接收和发送控制以及指示串口的状态等。字节地址为 98H，位地址为 98H～9FH，其各位定义如下：

	D_7	D_6	D_5	D_4	D_3	D_2	D_1	D_0
位地址	9F	9E	9D	9C	9B	9A	99	98
位符号	SM0	SM1	SM2	REN	TB8	RB8	TI	RI

SM0 和 SM1——串行口工作模式选择位，其定义如表 4.8.1 所示，其中 f_{osc} 为晶振频率。

表 4.8.1　8051 串口的四种工作模式

SM0 SM1	工作模式	功能描述
0　0	0	8 位移位寄存器方式，波特率为 $f_{osc}/12$，可外接移位寄存器扩展 I/O 口
0　1	1	1 位起始位+8 位数据+1 位停止位，波特率可变(由定时器 T1 控制)
1　0	2	1 位起始位+9 位数据+1 位停止位，波特率为 $f_{osc}/64$ 或 $f_{osc}/32$
1　1	3	1 位起始位+9 位数据+1 位停止位，波特率可变(由定时器 T1 控制)

SM2——多机通信控制位。SM2=0 时，只能进行点对点通信；SM2=1 时，与第 9 位数据配合进行多机通信。

方式 0 时，SM2 必须为 0。

方式 1 时，通常 SM2=0，SM2=1 则只有接收到有效停止位时，RI 才置 1。

方式 2 或方式 3 时，为 9 位异步通信，发送和接收一帧信息由 11 位组成，即起始位 1 位(0)、数据 8 位(低位在前)、1 个可编程位(第 9 位)、1 个停止位(1)。这两种方式具有多机通信功能。在多机通信中，可充分利用控制位 SM2。用作主机的单片机的 SM2 应设定为 0，用作从机的 SM2 设定为 1。主机发送的数据有两类：一类是地址，用于指示需要和主机通信的从机的地址，由串行数据第 9 位 TB8 为 1 标志；另一类是数据，由串行数据第 9 位 TB8 为 0 标志。开始通信时，所有从机都处于监听状态(只能接收地址帧)，当收到主机给从机发送一帧地址信息(TB8=1)时，将收到的地址信息与本机分配的地址进行比较，确认是否为被寻址的从机。若是，被寻址的从机通过指令使 SM2=0 进入接收数据状态，可以接收主机随后发送的数据(包括命令)，完成通信后，被寻址的从机重新使 SM2=1，等待下次通信；未被寻址的从机保持 SM2=1。

REN——接收允许控制位。由软件置位以允许接收，又由软件清 0 来禁止接收。

TB8——表示要发送数据的第 9 位。在方式 2 或方式 3 中，要发送的第 9 位数据，根据需要由软件置 1 或清 0。双机通信时可约定作为奇偶校验位，在多机通信中用来表示主机发送的数据是地址帧还是数据帧，TB8=1 为地址帧，TB8=0 为数据帧。

RB8——接收到数据的第9位。在方式0中不使用RB8。在方式1中，若SM2=0，RB8为接收到的停止位。在方式2或方式3中，RB8为接收到的第9位数据。

TI——发送中断标志。在方式0中，第8位发送结束时，由硬件置位。在其他方式的发送停止位前由硬件置位。TI=1表示一帧信息发送结束。TI状态可供软件查询，也可作为中断源申请中断。可根据需要，用软件查询的方法获得数据已发送完毕的信息，或用中断的方式来发送下一个数据。TI必须用软件清0。

RI——接收中断标志位。在方式0，当接收完第8位数据后，由硬件置位。在其他方式中，在接收到停止位的中间时刻由硬件置位(例外情况见SM2的说明)。RI置位表示一帧数据接收完毕，可用查询或者用中断的方法使CPU读取SBUF的数据，RI也必须用软件清0。

波特率控制寄存器(PCON)或者叫特殊功能寄存器，用于确定通信的波特率，字节地址为87H，不能进行位寻址。其各位定义如下：

D_7	D_6	D_5	D_4	D_3	D_2	D_1	D_0
SMOD	—	—	—	GF1	GF0	PD	IDL

SMOD——波特率倍增位，SMOD=1时波特率是SMOD=0时的一倍。

GF1和GF0——有些型号单片机可能没有，可供用户软件置1或清0。

PD——PD=1，使CHMOS型单片机进入低功耗方式(或掉电方式)。

IDL——IDL=1，使单片机进入空闲或待机工作方式。

2. 8051各工作方式的波特率计算

在串行通信前，收发双方的波特率要有一个约定。在8051串行口的4种工作方式中，方式0和2的波特率是固定的，而方式1和3的波特率是可变的，由定时器T1的溢出率控制。

方式0的波特率固定为8051外界晶体振荡器频率 f_{osc} 的1/12。

方式2的波特率由PCON中的选择位SMOD来决定，为 $\dfrac{2^{SMOD}}{64} \times f_{osc}$。当SMOD=1时，波特率为 $f_{osc}/32$，当SMOD=0时，波特率为 $f_{osc}/64$。

方式1和方式3的波特率取决于定时器T1和SMOD位，波特率为

$$\text{方式1和方式3的波特率} = \frac{2^{SMOD}}{32} \times \text{定时器T1溢出率}$$

$$\text{T1溢出率} = \text{T1计数脉冲的频率/产生溢出所需的周期数}$$

其中，T1计数脉冲的频率取决于它工作在定时器状态还是计数器状态。当工作于定时器状态时，为 $f_{osc}/12$；当工作于计数器状态时，为外部输入频率，此频率应小于 $f_{osc}/24$。产生溢出所需周期与定时器T1的工作方式以及T1的计数器初值TC有关。T1用于产生波特率时一般让其工作在定时器状态，此时波特率可表示为

$$\text{方式1和方式3的波特率} = \frac{2^{SMOD}}{32} \times \frac{f_{osc}}{12 \times (2^n - TC)}$$

其中，$n = 13, 16, 8$，分别代表计数器T1工作在方式0, 1, 2。

T1 工作在方式 2 时可以自动重装计数初值，作为波特率发送器更为方便。定时器设定为方式 0 或方式 1，溢出率可以更低，产生的波特率也低。

当晶体振荡器时钟频率选用 11.0592MHz 时，容易获得标准的波特率及 TI 计数初值为整数，很多单片机系统选用这一晶振工作。在使用 8051 串口时，波特率确定后可查表 4.8.2 确定 TI 的初值和工作方式，也可以根据上述方式计算确定某波特率对应的计数器 T1 工作方式、SMOD 和计数初值。

表 4.8.2　方式 1 和方式 3 波特率与定时器 T1 参数关系表

波特率/(bit/s)	f_{osc}/MHz	SMOD	定时器 T1		
			$C/\overline{T}$ (计数/定时)	工作模式	计数初值 TC
62500	12	1	0	2	0FFH
19200	11.0592	1	0	2	0FDH
9600	11.0592	0	0	2	0FDH
4800	11.0592	0	0	2	0FAH
2400	11.0592	0	0	2	0F4H
1200	11.0592	0	0	2	0E8H
110	6	0	0	2	72H
55	6	0	0	1	0FFEBH

3. 8051 与 PC 机 RS-232C 接口通信

RS-232C 标准协议的全称是 EIA-RS-232C，其中 EIA(Electronic Industry Association)代表美国电子工业协会，RS(Recommended Standard)代表推荐标准，232 是标识号，C 代表 RS-232 的一次新修改，标准是向下兼容的。它规定连接电缆和机械、电气特性、信号功能及传送过程。常用标准还有 RS-422A、RS-423A、RS-485 等。目前，在 IBM PC 机上的 COM1 和 COM2 接口就是 RS-232C 接口。

RS-232C 用正负电压分别来表示逻辑状态，与 TTL 以高低电平表示逻辑状态的规定不同。因此，为了能够与计算机接口或终端的 TTL 器件连接，必须在 RS-232C 与 TTL 电路之间进行电平和逻辑关系的变换。这种变换可用分立元件实现，也可用集成电路芯片实现。较为广泛地使用集成电路转换器件，如 MC1488、SN75150 芯片可完成 TTL 电平到 RS-232C 电平的转换，而 MC1489、SN75154 可实现 RS-232C 电平到 TTL 电平的转换。MAX232 芯片可完成 TTL 和 RS-232C 双向电平转换。

MAX232 芯片是采用单一电源供电，内部集成了两套逻辑电平的转换电路，可以完成 TTL 和 RS-232C 逻辑电平的双向转换。8051 串口与 PC 机 RS-232 串口通信的硬件电路如图 4.8.6 所示，将 8051 的 RxD 和 TxD 信号通过 MAX232 分别与 PC 机 RS-232 接口的 TxD 和 RxD 对应相连，同时有一根地线使两者共地即可。软件方面，PC 机上可以下载一个"串口调试助手"，在该界面上设定 8051 连接的是 PC 机的哪一串口(如 COM1)，设定串口通信数据帧格式(假设数据位为 8 位、无校验位、停止位 1 位)和波特率(假设为 19.2Kbit/s)，然后就可以在发送窗口发送数据，接收窗口查看来自 8051 的数据。

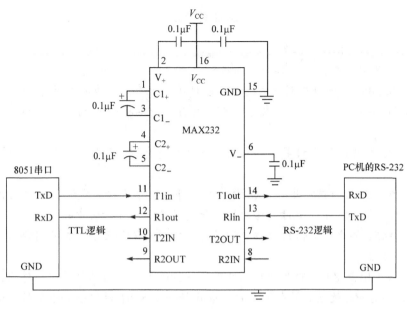

图 4.8.6　8051 串口与 PC 机 RS-232 串口通信电路图

根据约定，8051 的串口选择工作模式 1(数据位为 8 位、停止位 1 位)，波特率确定为 19.2Kbit/s，假设单片机晶振为 11.0592MHz，查表 4.8.2 选择定时器 1 工作在方式 2 定时器模式，SMOD=1，计数初值为 0FDH，采用中断方式处理 8051 接收数据的汇编程序如下(读者补充接收并同时发送的程序)：

```
            ORG    0000H
            AJMP   START              ; 跳转至 START 标号开始的主程序
            ORG    0023h              ; 串口中断向量表入口
            AJMP   SERIAL             ; 转到串口中断服务程序
            ORG    1000H
START:      MOV    SP,#50H            ; 设置堆栈指针
            MOV    TMOD,#20H          ; T1 工作模式 2
            MOV    PCON,#80H          ; SMOD=1
            MOV    TH1,#0FDH          ; 设置计数初值
            MOV    SCON,#50h          ; 工作模式 1，允许接收
            SETB   TR1                ; T1 开始工作
            SETB   ES                 ; 开串口中断
            SETB   EA                 ; 开总中断
            SJMP   $                  ; 主程序循环等待
SERIAL:     MOV    A,SBUF             ; 读取接收数据
            MOV    P1,A               ; 数据处理，如输出至 P1 口
            CLR    RI                 ; 清除接收标志 RI
            RETI                      ; 中断返回
            END
```

思考与习题

4.1 简述什么是汇编语言的寻址方式。

4.2 8051有几个中断源？各个中断源对应的中断向量分别是什么？

4.3 如果8051要采取中断方式通信，软件编程上有几个步骤？具体如何处理？

4.4 MCU片内的I/O结构一般包含哪些部分？分别描述8051的4个8位I/O端口的作用。

4.5 MCU片内的定时/计数器的作用是什么？所有MCU片内的定时/计数器都是可编程控制的吗？

4.6 什么是串行通信？串行通信的分类有哪些？接收器和发送器的电路核心单元是什么？什么叫波特率？异步串行通信的接收和发送是如何进行同步的？

4.7 与8051的串行通信接口对应的芯片引脚分别是哪几个？这些引脚对应的信号逻辑电平应该是什么？

4.8 题4.8图是8051的两种复位电路，分析两个电路的工作原理和作用，说明复位信号RST是高电平有效还是低电平有效。查找任一款8051器件手册中复位时间参数具体是多少，分析电路的复位时间是否满足复位要求。电路产生的复位信号的有效复位时间如果满足不了8051的要求会有怎样的后果？

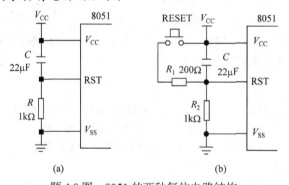

题4.8图　8051的两种复位电路结构

4.9 MCS-51单片机外扩存储器时，地址低8位和8位数据分时复用P0口，需要用锁存器分类出地址信号，地址总线就由P2和锁存器锁存的来自P0口的地址构成，P0口就作为数据总线。分析题4.9图所示的两种锁存电路，经常还用一种双列直插封装锁存器

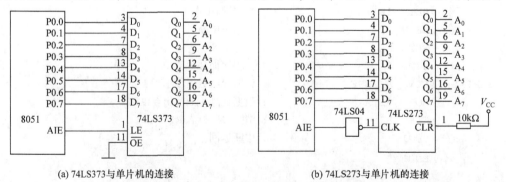

(a) 74LS373与单片机的连接　　　　　(b) 74LS273与单片机的连接

题4.9图　两种8051的低8位地址锁存电路

74LS573，其数据输入在芯片一侧，输出在另一侧有利于布局布线，下载该器件手册，画出电路图。

4.10 8051 外扩程序存储器电路如题 4.10 图所示，说明 8051 单片机上电启动时，确定程序上电后从片内还是片外读取程序的引脚是哪一个。说明图中单片机上电后程序是如何引导的，根据图中的电路连接确定 2764 的地址范围。写出将 2764 第一个存储单元(最低地址的存储单元)的内容读入累加器 A 中的汇编程序。查找 8051 详细器件手册，画出 CPU 执行该程序时的各有关信号时序图。

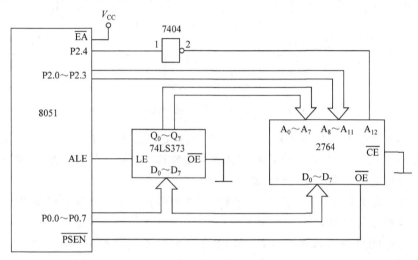

题 4.10 图 8051 外扩程序存储器举例

4.11 题 4.11 图所示的 8031 扩展系统中，外扩了 16KB 程序存储器(两片 2764 芯片)和 8KB 数据存储器(6264 芯片)，分析各存储器芯片的地址范围。分别写出将 2764 和 6264 的第一个存储单元(最低地址的存储单元)的内容读入累加器 A 中的汇编程序。

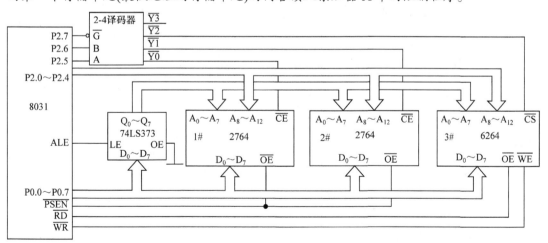

题 4.11 图 8031 外扩数据和程序存储器举例

4.12 题 4.12 图是由 MCS-51 单片机构成的一个系统框图，说明系统的数据总线和地址总线宽度分别是多少。译码器信号为什么是来自 P2 口的高位地址而不是锁存器输出的

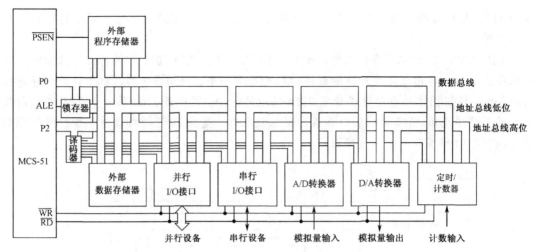

题 4.12 图 由 MCS-51 单片机构成的系统举例

低位地址? 串行 I/O 接口外界的外部串行设备(假设是满足 UART 结构的设备)有没有其他方式与 8051 进行通信? 分析图中的外部数据存储器的连接缺少什么信号,说明单片机的存储器和 I/O 接口是统一编址还是独立编址。

4.13 通过实验完成 4.7.3 节的定时/计数器应用实例,并用示波器观察 P1.0 引脚的信号是否符合实验设计要求。

4.14 完成 8051 单片机串口与 PC 机 RS-232 串口的串行通信(8051 用中断方式完成接收和发送数据),要求画出 8051 的通信流程图,编写程序,并用示波器观察 RxD 或 TxD 的通信数据。

第 5 章　TMS320F28335 微控制器

TMS320 是美国德州仪器公司(TI)的 DSP 型号前缀。目前国内高校 DSP 课程教学的处理器类型多数都采用 TMS320 DSP。TMS320 包括定点、浮点和多处理器数字信号处理芯片。浮点 DSP 一般用于高精度、宽的动态范围、高信噪比，一般比较容易使用。定点 DSP 具有更低的功耗，更便宜，相对尺寸更小。TI DSP 主要分为三种不同指令集的三大系列：TMS320C6000、TMS320C5000 和 TMS320C2000。

TMS320C6000 是 32 位最高性能的 DSP，包括 TMS320C64×和 TMS320C62×定点子系列以及 TMS320C67×浮点子系列。定点器件性能为 1200～8000MIPS(即每秒执行百万条指令)，浮点器件为 600～1800MFLOPS(即每秒执行百万次浮点操作)。应用领域包括有线/无线宽带网络、组合 Modem、GPS 导航、基站数字波束形成、医学图像处理、语音识别、3D 图形、ADSL Modem、网络系统、中心局交换机、数字音频广播设备等。TI 还有一浮点系列的 C3×，其中的 VC33 现在虽非主流产品，但仍在广泛使用，速度较 C67×低。

TMS320C5000 是 16 位定点、低功耗的 DSP，最适合便携式上网以及无线通信等应用场合，如手机、PDA、GPS 等应用，处理速度为 80～400MIPS。TMS320C5000 主要成员有 TMS320C55×和 TMS320C54×两个 16 位定点 DSP 子系列，两者软件兼容。

TMS320C2000 是作为优化控制的 DSP 系列，该系列 DSP 成本较低，片内集成了最广的数字化控制解决方案，例如，A/D、定时器、各种串行口(同步和异步)、PWM 发生器、捕获信号单元、片内 Flash、看门狗、CAN 总线、数字 I/O 引脚等。因此，TI 也将这一类 DSP 归于 MCU 系列中，也称为数字信号控制器(Digital Signal Controller, DSC)。C2000 DSP 既具有数字信号处理能力，又具有强大的事件管理能力和嵌入式控制功能，非常适用于工业、汽车、医疗和消费类市场中的数字电机控制及电力电子技术等领域。在太阳能逆变器、风力发电等绿色能源应用领域得到了广泛应用。本章介绍的 TMS320F28335 就属于该系列。

5.1　TMS320C2000 简介

TMS320C2000 目前主要有 16 位的 TMS320F24×和 32 位的 TMS320C28×两个子系列。TMS320F24×是较早的 16 位定点 DSP 控制器，性能达到 40MIPS，提供了高度集成的闪存、控制和通信外设，也提供了引脚兼容的 ROM 版本。代表产品有 F240 和 F2407。虽然还有 F24×产品在使用，但在进行新设计时不提倡使用该系列。

TMS320C28×(该系列 DSP 的 CPU 核均为 C28×)是 32 位的控制器，主要包括 TMS320×280×、TMS320×281×、TMS320F282××和浮点的 TMS320F283××系列。4 个子系列都采用同样的 C28×CPU 核，软件完全兼容。

TMS320×280×系列外设功能增强且极具价格优势，采用 100 引脚封装，所有产品引脚兼容。具有高达 128K 字的闪存和 100MIPS 的性能，也有 ROM 版本的产品(C2801、C2802

等),该系列共有 12 款产品,它们全部都引脚兼容。该系列增强了事件管理模块的功能,具有 HRPWM(High-Resolution PWM)输出,串行外设最高达到 4 个 SPI 模块、2 个 SCI(UART)模块、2 个 CAN 模块和 1 个 I^2C 总线。TI 近年来又推出了 Piccolo^{TM} 系列的 32 位实时控制器——TMS320F2802×/2803×。其特点是具有较低的系统成本、封装小、使用方便,将成为主要的实时控制微处理器之一。目前有 TMS320F28035、TMS320F28027 等几十种芯片,F2802×/3×系列内部有时钟源,无须外部时钟元件。PWM 信号的数字化分辨率达 150ps。12 位 ADC 操作达到 4.6MSPS。增强了捕获和正交编码单元的功能。片内有电压调节器,增强了电源管理特性,只需 3.3V 单一电源。采用 C28×CPU 核,代码与之前具有相同 CPU 的 C2000 产品完全兼容。该系列有多种封装选择,F28027 的 TSSOP 封装只有 38 个引脚。TMS320F28035 增加了硬件的 CLA(Control Law Accelerator)和 LIN(Local Interconnect Network),LIN 是一种出现在汽车行业的低成本、短距离的串行通信低速网络,常用于实现汽车或智能家居系统中的分布式电子系统控制。TMS320F28069 是 TI 推出的一款浮点型处理器。

TMS320×281×系列的 TMS320F281×(简写为 F281×)具有高达 128K 字的 Flash 和 150MIPS 的性能。TI 还提供了引脚兼容的 ROM 和 RAM 版本产品(C2810、C/R2811、C/R2812)。TMS320×281×系列共有 8 款产品。

TMS320F282××是 32 位定点 DSP 控制器,工作频率高达 150MHz,主要包含 TMS320F28232、TMS320F28234 和 TMS320F28235 共 3 款产品。

TMS320F283××是 TI 最新推出的浮点数字信号控制器,包括定点的 32 位 C28× CPU 核,还包括一个单精度 32 位 IEEE 754 浮点单元(FPU),浮点协处理器速度可达 300MFLOPS,主要产品有 TMS320F28332、TMS320F28334 和 TMS320F28335。之后,TI 推出的 C2000 Delfino TMS320F28377D 集成了双 C28×实时处理内核以及双 CLA 实时协处理器,能够提供具有集成三角函数和 FFT 加速的 800MIPS 浮点性能。该系列产品在太阳能发电和汽车雷达等系统中可以充分发挥它的作用。与 F281×相比,F282××和 F283××增加了 6 通道 DMA、I^2C 接口,GPIO 数增加到 88 个,片内串行接口数和存储器容量也有所提高,有高达 512KB 的片上 Flash。F282××和 F283××产品引脚完全兼容,两者常用的 DSP 型号及其片内资源配置如表 5.1.1 所示。

表 5.1.1 F282××和 F283×× DSP 芯片的资源配置

项目	F28232	F28234	F28235	F28332	F28334	F28335
基本特性	定点 MCU	定点 MCU	定点 MCU	浮点 MCU	浮点 MCU	浮点 MCU
CPU	C28×	C28×	C28×	C28×	C28×	C28×
频率/MHz	100	150	150	100	150	150
RAM	52 KB	68 KB	68 KB	52 KB	68 KB	68 KB
OTP ROM	2 KB	2 KB	2 KB	2 KB	2 KB	2 KB
Flash	128 KB	256 KB	512 KB	128 KB	256 KB	512 KB
EMIF(数据线宽)	32/16bit	32/16bit	32/16bit	32/16bit	32/16bit	32/16bit
DMA	6Ch DMA	6Ch DMA	6Ch DMA	6Ch DMA	6Ch DMA	6Ch DMA
PWM	16Ch	18Ch	18Ch	16Ch	18Ch	18Ch

项目	F28232	F28234	F28235	F28332	F28334	F28335
CAP/QEP/个	4/2	6/2	6/2	4/2	6/2	6/2
ADC/(通道,位数)	16Ch,12bit	16Ch,12bit	16Ch,12bit	16Ch,12bit	16Ch,12bit	16Ch,12bit
ADC 转换时间	80 ns	80 ns	80 ns	80 ns	80 ns	80 ns
McBSP/个	1	2	2	1	2	2
I^2C/个	1	1	1	1	1	1
SCI/个	2	3	3	2	3	3
SPI/个	1	1	1	1	1	1
CAN/个	2	2	2	2	2	2
CPU 定时器 WD/个	3 个 WD	3 个 32 位 WD	3 个 32 位 WD	3 个 WD	3 个 32 位 WD	3 个 32 位 WD
GPIO/个	88	88	88	88	88	88
内核/V	1.8	1.8	1.8	1.8	1.8	1.8
IO 电压/V	3.3	3.3	3.3	3.3	3.3	3.3
操作温度范围/℃	−40～85(PGF, ZHH,ZJZ)或 −40～125(ZJZ)	−40～85(PGF, ZHH,ZJZ)或 −40～125(ZJZ)	−40～85(PGF, ZHH,ZJZ)或 −40～125(ZJZ)	−40～85(PGF, ZHH,ZJZ)或 −40～125(ZJZ)	−40～85(PGF, ZHH,ZJZ)或 −40～125 (ZJZ)	−40～85(PGF, ZHH,ZJZ)或 −40～125(ZJZ)

2011年,德州仪器(TI)宣布推出新型 C2000 Concerto F28M35×双核 32 位微控制器系列,这种新型微控制器将 TI 的 C28×内核及控制外设与 ARM Cortex-M3 内核及连接外设组合起来,可在单个器件中支持实时控制和高级连接。该系列具有多种安全及保护特性,并在整个 C2000 平台上实现了代码兼容性,在如智能电机控制、可再生能源、智能电网、数字电源和电动汽车等绿色环保应用中实现扩展性与代码重复使用。

5.2 TMS320F28335 的结构及主要特性

TMS320F28335(简写为 F28335)是 TMS320C28×™/Delfino™DSP/MCU 系列产品成员,是 32 位浮点 MCU,与定点 C28×控制器软件兼容,来自 TI TMS320F28335 器件手册的结构框图如图 5.2.1 和图 5.2.2 所示,不同框图给出的信息不同。由图 5.2.1 可见 CPU 框图、存储器种类和片内集成外设的大概情况以及 F28335 片内采用的多套总线,除了有程序总线(Program Bus,程序总线包含 22 根地址线,32 位数据线,图中未标出)和数据总线(Data Bus,数据总线又包含一套读数据总线和一套写数据总线,每套都包含 32 位地址线和 32 位数据线),CPU 内部还有寄存器总线(Register Bus)将 CPU 内核中的各单元联系在一起。为了使 DMA 单元独立于 CPU 操作,F28335 片内还有 DMA 总线。多总线技术大大提高了微控制器的数据吞吐量。图 5.2.1 左侧的一个多路复用器连接的 D(31-0)和 A(19-0),外扩了一套 20 位地址总线和 32 位数据总线,也就是说访问 F2833×片外存储器只有一套总线,决定了外部程序存储器和数据存储器

F2833×
LQFP引脚图

不能同时访问，只能分时复用外部总线。与 8051 相比，F28335 复杂很多，LQFP 封装的引脚有 176 个。

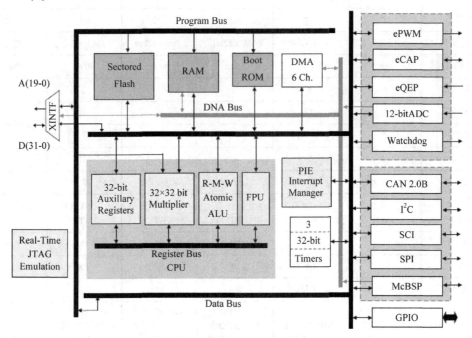

图 5.2.1　TMS320F28335 功能框图 1

图 5.2.2 给出各种存储器的容量、各模块对外的信号(即与芯片引脚相连的信号)、各模块相互连接关系等具体信息。图中的存储器总线(Memory Bus)包含了上述的程序总线、读数据总线和写数据总线。由图 5.2.2 可见，片内还有外设总线(Peripheral Bus)，方便 CPU 与片内外设之间的通信。

TMS320F28335 主要特性如下。

(1) 高性能静态 CMOS 技术：

　　高达 150MHz(6.67ns 周期时间)；

　　CPU 内核电压为 1.9V/1.8V，I/O 引脚和 Flash 电压为 3.3V。

(2) 高性能 32 位 CPU(C28×+FPU)：

　　32 位定点 C28×CPU(包含图中的 ALU)；

　　单精度 32 位 IEEE-754 浮点单元(FPU)；

　　32×32 位硬件乘法器(Multiplier)；

　　32 位附加寄存器组(Auxiliary Registers)；

　　哈佛总线架构，程序总线和数据总线分开；

　　端口和数据存储器统一编址。

(3) 快速中断响应和外设中断扩展(PIE)，可管理 58 个中断源。

(4) 6 通道 DMA(用于 ADC，McBSP、XINTF、RAM 等的信息存储)：

　　DMA 模块允许数据不经过 CPU 而直接进行数据传输；

　　DMA 模块由外设(ADC、McBSP、定时器、PWM 等)中断触发以及软件触发；

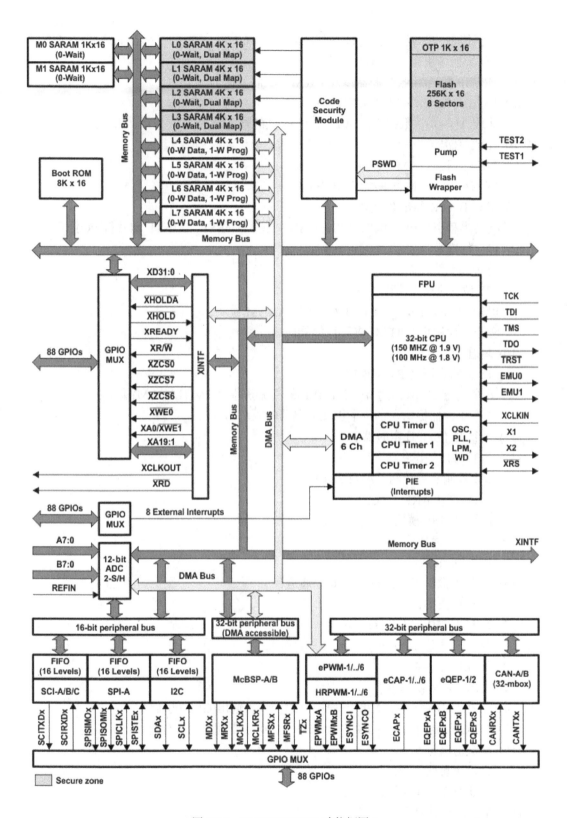

图 5.2.2　TMS320F28335 功能框图 2

数据传输的源或目的地有内部 SARAM 的 L4-7，所有的外部存储区域 XINTF；

AD 转换结果寄存器(只作为源)；

McBSP 发送/接收缓冲器以及 PWM 单元(只作为目的地)。

(5) 16 位或 32 位外部接口(XINTF)：

地址 A(19-0)，数据 D(31-0)，2M×16 位的寻址范围。

(6) 片载存储器：

34K×16 位 SRAM，256K×16 位 Flash；

1K×16 位一次性可编程(OTP)ROM。

(7) 引导 Boot ROM(8K×16)：

支持多种引导模式(SCI，SPI，CAN，I^2C，McBSP，XINTF 和并行 I/O)；

包含标准数学表。

(8) 时钟和系统控制。

(9) 128 位安全密钥/锁：

保护 Flash/OTP/L0、L1、L2 和 L3 SARAM 模块；

防止其他用户经 JTAG 查看存储器内容。

(10) 增强型控制外设：

18 个脉宽调制(PWM)输出；

6 个支持 150ps 微边界定位(MEP)的高分辨率 PWM(HRPWM)输出；

6 个事件捕捉输入，两个正交编码器输入。

(11) 3 个 32 位 CPU 定时器。

(12) 串行端口外设：

2 个控制器局域网(CAN2.0B)模块；

3 个 SCI(UART)模块；

2 个 McBSP 模块；

1 个 SPI 模块；

1 个 I^2C 总线。

(13) 12 位模数转换器(ADC)，16 个通道：

80ns 转换率；

2×8 通道输入复用器；

两个采样保持器；

单一/同步转换；

内部或者外部基准。

(14) 88 个具有输入滤波功能的通用可编程输入输出(GPIO)引脚。

(15) JTAG 边界扫描支持 IEEE 1149.1—1990 标准测试端口和边界扫描架构。

(16) 高级仿真特性：

分析和断点功能；

借助硬件的实时调试。

(17) 低功耗模式和省电模式：

支持 IDLE(空闲)、STANDBY(待机)、HALT(暂停)模式;

可禁用独立外设时钟。

(18) 封装选项:

无铅,绿色封装;

薄型四方扁平封装(PGF,PTP);

MicroStar BGA(ZHH);

塑料 BGA 封装(ZJZ)。

(19) 温度选项:

A   −40~85℃(PGF,ZHH,ZJZ);

S   −40~125℃(PTP,ZJZ);

Q   −40~125℃(PTP,ZJZ)。

学习使用一个复杂的微控制器,首先应该掌握基本的硬件设计方法和运行一个最简单的程序需要了解的相关信息,至于片内集成的多种外设,需要使用时再查找器件手册中对应结构、寄存器、控制和编程方法等细节内容。在硬件电路上先跑通一个简单程序可以让使用者更有成就感,也是学习任何处理器最容易上手的方法。目前多数微控制器片内都有振荡电路和锁相环(图 5.2.2 中的 OSC 和 PLL)、看门狗(WD)、低功耗模式(LPM)等模块可以提升微控制器的性能和可靠性,OSC 和 PLL 详细内容见 TMS320F28335 的器件手册的 6.6.1 节,WD 见 6.6.2 节,LPM 见 6.7 节。

TMS320F28335
的器件手册

5.3   TMS320F28335 的硬件最小系统

2.3 节已经介绍了 MCU 硬件最小包含的几个主要部分。TMS320F28335 各部分的接法与 8051 硬件最小系统类似,但增加了在线调试的 JTAG 接口。

1. 电源及复位电路

为了降低器件功耗,很多微控制器的处理器内核电源电压越来越低。F28335 的 I/O 引脚和 Flash 的电压是 3.3V,内核的供电电压为 1.8V 或 1.9V。TI 公司提供了多种电源管理芯片,如 TPS767D301、TPS73HD318、TPS62400 等,其电压精度都比较高。有些芯片自身还能够产生 DSP 的复位信号。TI 大学计划部给各高校支持多种 DSP 硬件学习平台,而且硬件平台的原理图以及相关资料一般在其网站(www.ti.com)上都可以找到。F28335 PGF Control CARD 是其中的一种。试分析原理图中 F28335 电源电压是如何产生的,并分析原理图中复位信号 RESETn 如何产生以及 TPS3828 芯片的作用。

F28335
PGF Control
CARD原理图

F28335
Control CARD
板卡上器件说明

2. 时钟电路

F28335 的时钟源也有两种：①采用电源为 3.3V 的外部有源晶振作为时钟(简称外部时钟)，由 XCLKIN 引脚输入，如图 5.3.1(a)所示，或者采用电源为 1.9V 的外部有源晶振由 X1 引脚输入；②在 X1 与 X2 引脚之间连接一个晶体，并结合 F28335 内部振荡器电路产生时钟(简称内部时钟)，如图 5.3.1(b)所示。分析 F28335 PGF Control CARD 原理图中的时钟采用的是哪一种方式，晶振的频率是多少。

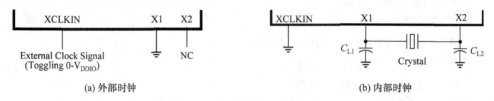

图 5.3.1　时钟模块电路

F28335 的最高频率为 150MHz，外部晶体或晶振可采用 30MHz，通过内部 PLL 可以倍频至 150MHz，但是不允许超过处理器的最大频率值。

3. JTAG 接口电路

TMS320F28335 采用 IEEE 1149.1—1990 测试接口和边界扫描结构的 JTAG 接口，来连接仿真器以实现用户程序的下载和调试功能，消除了传统电路仿真存在的电缆过长引起的信号失真及仿真插头的可靠性差等问题。也使得在线仿真成为可能，给调试带来方便。TMS、TCLK、TDI 和 TDO 是主要的 JTAG 信号，是仿真器与微控制器之间测试数据输入和输出的串行总线，而 EMU0 和 EMU1 则是来自仿真器的两个中断输入，需接上拉电阻(2.2~4.7kΩ)。TRSTn 为仿真器的测试复位，通过下拉电阻接地，当它为高电平的时候，仿真器扫描 MCU 系统，控制 MCU 的操作。需要注意，JTAG 接口的电源不是采用+3.3V，而是+5V(即仿真器是+5V 供电的)。分析 F28335 PGF Control CARD 原理图中的 JTAG 电路接法。

4. 程序引导模块

一般微控制器都有一个引脚的逻辑电平高低控制 MCU 上电后是由片内还是片外程序存储器读取程序。例如，8051 的 EA 引脚、F2812 的 XMP/$\overline{\text{MC}}$ 引脚等。TI 的 DSP 和 MCU 芯片内部，在出厂时都固化了引导程序(BootLoader)，如果 F2812 的 XMP/$\overline{\text{MC}}$ 为低电平，则 F2812 为微控制器模式，则从芯片引导程序开始执行，配合 F2812 的 4 个通用 I/O(记为 GPIO)引脚的逻辑电平高低，可以有多种引导方式。与 TMS320F28335 程序引导有关的引脚有 GPIO87、GPIO86、GPIO85 和 GPIO84，查找器件手册，搞清楚引脚状态和 TMS320 F28335 的多种启动模式，分析 F28335 PGF Control CARD 原理图中的这些引脚的电路连接方式。

F28335 有 88 个 GPIO，然而这些 GPIO 没有一个是单独作为 I/O 使用的，都是片内集成外设、输出、输入等复用引脚，所以在使用 GPIO 时，需要配置对应的寄存器，通过编程确定引脚具体的作用。

5.4 TMS320F28335 存储器配置及上电程序引导

软件是微控制器的灵魂，软件编程的功夫是需要不断训练提升的，各人水平差别会很大。但无论编程水平高低，编好的程序要如何存储和读取是每个进行软件设计的人员必须掌握的。要了解这些，必须清楚每个微控制器的存储器配置情况。

5.4.1 F28335 的存储器配置

F28335 的存储空间被分成程序空间和数据空间，它们是由不同类型的存储器构成的，由来自 TI 器件手册的图 5.4.1 可见，包括 SARAM 和非易失性存储器(Non-Volatile Memory)Flash、OTP 和 Boot ROM 多种类型的存储器。Flash 和 OTP 通常用来存储用户应用程序代码，保存代码信息到 Flash 或者 OTP 需要特定的程序，这个程序已经集成在 TI CCS 集成开发环境中。Boot ROM 中由厂家固化了软件引导程序和一些数学运算中常使用的如 sin/cos 函数表等内容。易失性存储器(Volatile Memory)SARAM 被划分为 10 个区域，分别叫作 M0、M1、L0~L7，它们既可以作为程序存储器，也可以作为数据存储器。图中每一个存储单元的宽度是 16 位的，也就是 1 个字。

如果片内存储器不够用，F28335 片内集成了外部存储器扩展接口(XINTF)，对应 3 个外扩区域 0、6 和 7，每个区域都可以通过编程加入不同数量的等待状态以匹配访问慢速外扩存储器的时序需要。当 CPU 访问某一外部存储器时，外扩存储器的地址会使对应的片选信号有效，如图 5.4.1 中的 XZCS0、XZCS6 和 XZ CS7，图中符号表明这些片选信号都是低电平有效。

F2833× 的数据总线地址是 32 位的，程序总线地址是 22 位的。因此，F2833×总共可以寻址 4G 字的数据存储空间，寻址 4M 字的程序存储空间。与 F2812 不同，由图 5.4.1 可见，F28335 上电后的程序引导只能从片内存储器开始。

F28335 片内集成的大量外设接口的控制都是通过读写对应的寄存器实现的，片内外设的 I/O 端口根据数据性质不同一般都包含控制寄存器、状态寄存器和数据寄存器三种,F28335 对这些 I/O 寄存器端口和存储器采用统一编址方式，其地址对应图 5.4.1 中的 PF0、PF1、PF2 和 PF3，被称为外设帧(Peripheral Frame)，由图 5.4.2 可见，这些地址区域只能作为数据存储器不能作为程序存储区域。各种外设具体对应在哪一位置在使用时可以查找器件手册。

5.4.2 F28335 的上电程序引导

微控制器一个有效的复位信号或者看门狗定时器溢出，都会将 CPU 中的所有寄存器内容复位到初始值，F28335 复位后，PC 寄存器的内容初始化为 0x3F FFC0，一旦 F28335 的复位信号 XRS 变为高电平无效，CPU 则从 PC 所指的位置开始执行程序，由图 5.4.1 可见，0x3F FFC0 地址位于 Boot ROM 地址区域的高地址部位，厂家在该地址开始存储了引导程序，根据判断程序引导模块介绍的 4 个 GPIO 引脚的状态，用户可以选择执行存储在片内 Flash 中的程序，或者选择下载一个外部存储的程序到片内存储器中，所有的判断由固化程序完成。引导模式如图 5.4.3 所示。

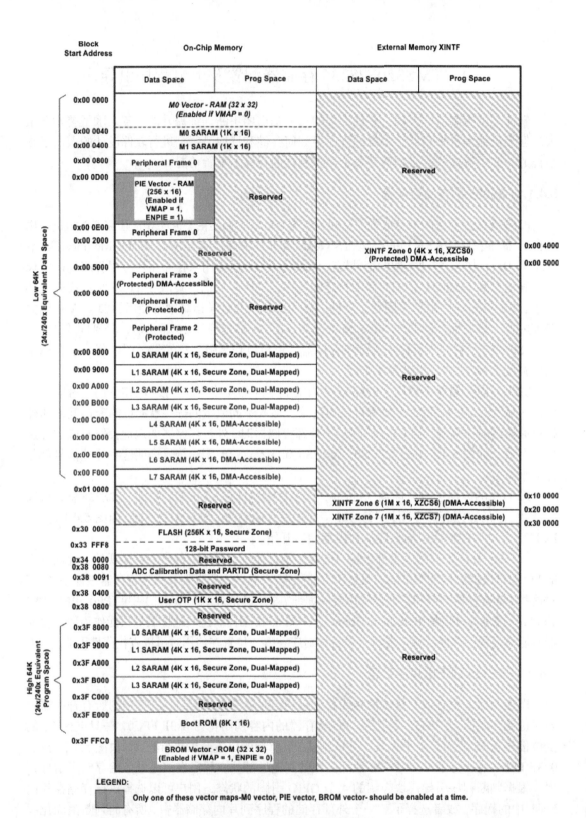

图 5.4.1　F2833×存储器配置图 1

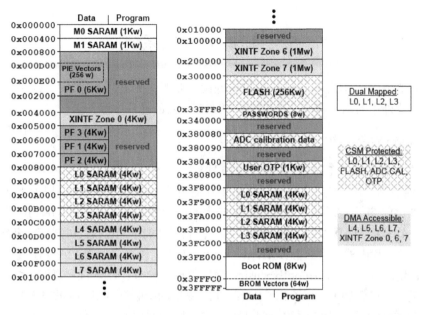

图 5.4.2　F2833×存储器配置图 2

GPIO pins				
87 / XA15	86 / XA14	85 / XA13	84 / XA12	
1	1	1	1	jump to *FLASH* address 0x33 FFF6
1	1	1	0	bootload code to on-chip memory via *SCI-A*
1	1	0	1	bootload external EEPROM to on-chip memory via *SPI-A*
1	1	0	0	bootload external EEPROM to on-chip memory via *I2C*
1	0	1	1	Call CAN_Boot to load from *eCAN-A* mailbox 1
1	0	1	0	bootload code to on-chip memory via *McBSP-A*
1	0	0	1	jump to *XINTF* Zone 6 address 0x10 0000 for 16-bit data
1	0	0	0	jump to *XINTF* Zone 6 address 0x10 0000 for 32-bit data
0	1	1	1	jump to *OTP* address 0x38 0400
0	1	1	0	bootload code to on-chip memory via *GPIO port A* (parallel)
0	1	0	1	bootload code to on-chip memory via *XINTF* (parallel)
0	1	0	0	jump to *M0 SARAM* address 0x00 0000
0	0	1	1	branch to check boot mode
0	0	1	0	branch to Flash without ADC calibration (TI debug only)
0	0	0	1	branch to M0 SARAM without ADC calibration (TI debug only)
0	0	0	0	branch to SCI-A without ADC calibration (TI debug only)

图 5.4.3　GPIO 引脚状态与程序引导方式对应关系

在教学实验中，一般都选择 M0 SARAM 作为程序存储器。因此，在实验时要将 4 个 GPIO 设置为 0100 状态。如果程序调试成功要脱离仿真器，一般将程序存储在片内 Flash 中，这种情况下，4 个 GPIO 要设置为 1111 状态，一旦 F28335 上电后，程序将被引导至 Flash 高地址端 0x3F FFF6，在该地址单元中要存储代码(用户程序入口地址)将程序引导到用户程序真正入口处。

引导方式不同，用户就需要将程序上电之前存储在对应的存储器中。上电复位一般是 MCU 的高优先级中断，了解了中断系统之后可以进一步理解程序的引导过程。

5.5 F28335 中断系统

F28335 的中断源有很多，可分为片内外设中断源，如 PWM、CAP、QEP、SPI、SCI、定时器等；片外中断输入引脚 XINT1 和 XINT2 引入的外部中断源。

5.5.1 F28335 中断结构

来自 TI 器件手册的 F28335 中断系统如图 5.5.1 所示。F28335 的 CPU(C28 核)将中断分为 16 个中断级别，其中包括 2 个不可屏蔽中断(上电复位和图中的 NMI)与 14 个可屏蔽中断(INT1~INT14)。其中定时器 1 与定时器 2 产生的中断请求通过 INT13、INT14 向 CPU 申请中断，这两个中断已经预留给了实时操作系统，剩下 INT1~INT12 可屏蔽中断级别可供外部中断和处理器片内外设中断源使用，由于 F28335 中断源众多，这 12 个可屏蔽中断对应的中断源由 PIE(Peripheral Interrupt Expansion)模块管理，每个可屏蔽可以包括最多 8 个中断源，因此，PIE 最多可以管理 12×8 = 96 个中断源，PIE 模块的中断管理机制如图 5.5.2 所示。F28335 中只设置 58 个中断源，中断源的分配见图 5.5.3，图中空白的是保留为将来器件发展使用，由图可见，WD、定时器 0、ADC 和两个外部中断等中断源是由 INT1 向 CPU 申请中断。

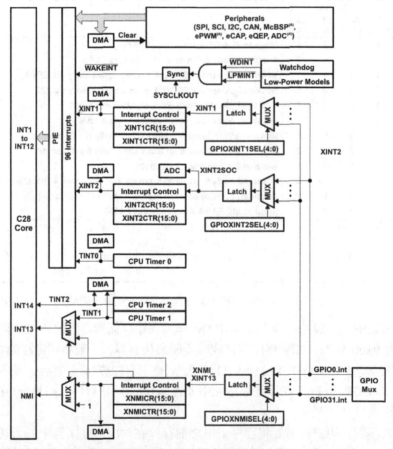

图 5.5.1 F28335 中断系统

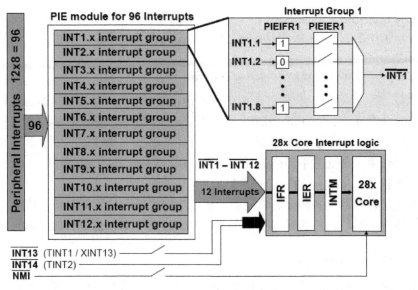

图 5.5.2　PIE 中断管理机制

	INTx.8	INTx.7	INTx.6	INTx.5	INTx.4	INTx.3	INTx.2	INTx.1
INT1	WAKEINT	TINT0	ADCINT	XINT2	XINT1		SEQ2INT	SEQ1INT
INT2			EPWM6_TZINT	EPWM5_TZINT	EPWM4_TZINT	EPWM3_TZINT	EPWM2_TZINT	EPWM1_TZINT
INT3			EPWM6_INT	EPWM5_INT	EPWM4_INT	EPWM3_INT	EPWM2_INT	EPWM1_INT
INT4			ECAP6_INT	ECAP5_INT	ECAP4_INT	ECAP3_INT	ECAP2_INT	ECAP1_INT
INT5							EQEP2_INT	EQEP1_INT
INT6			MXINTA	MRINTA	MXINTB	MRINTB	SPITXINTA	SPIRXINTA
INT7			DINTCH6	DINTCH5	DINTCH4	DINTCH3	DINTCH2	DINTCH1
INT8			SCITXINTC	SCIRXINTC			I2CINT2A	I2CINT1A
INT9	ECAN1_INTB	ECAN0_INTB	ECAN1_INTA	ECAN0_INTA	SCITXINTB	SCIRXINTB	SCITXINTA	SCIRXINTA
INT10								
INT11								
INT12	LUF	LVF		XINT7	XINT6	XINT5	XINT4	XINT3

图 5.5.3　PIE 外设中断源对应关系(图中 x 对应 1～12)

　　由图 5.5.2 可见,一旦某个中断源产生中断请求后,都会使对应的 PIE 中断标志寄存器 PIEIFRx 对应的标志(Flag)置位,例如,图 5.5.2 中的 INT1.1 和 INT1.8,如果 PIE 中断使能寄存器 PIEIERx 对应的位使能,即可通过对应的 INTx 向 CPU 申请中断,CPU 是否响应中断,还需要看是否有更高一级的中断请求或服务,CPU 对各中断级别优先级都有排队,使用时要查找器件手册。一般情况下,所有微控制器的复位中断优先级是最高的,其次是非屏蔽中断,然后是可屏蔽中断,F28335 的 INT1～INT12 优先级由高到低依次下降。12 组 PIE 中断向量组每一组还对应中断响应寄存器 PIEACKx 的一位,只有 PIEACKx 中的对应位为 0,对应的 PIE 中断向量组的中断申请才能被送至 CPU。一旦中断被 CPU 响应,相应的 PIEACKx 就置 1,屏蔽同组的其他中断申请。如果多个中断源同时申请中断,CPU

内部硬件会将最优先的中断向量送给 PC。每个可屏蔽中断 INT1~INT12 对应的多个中断源如果同时申请中断，INTx.1~INTx.8 优先级由高到低依次下降，也可以通过软件修改优先级别。

由图 5.5.2 以及处理器响应中断的流程可知，PIE 管理的任一中断源，要能够被 CPU 响应中断服务，第一，硬件上要能够产生中断申请信号使 PIEIFR 对应的标志位置 1；第二，软件上要打开 3 个通道：对应的 PIEIER 使能位、CPU 的中断使能寄存器 IER 和总的中断允许位 INTM(即三级中断使能位都要允许中断)；第三，所有处理器的中断都要处理好中断向量表。三者任意一条处理不当都不可能正常中断。如果调试中断程序时，发现不能正常进入中断服务程序，从这三方面排查故障。

中断相关的寄存器、各种标志位清除方式、响应中断后处理器对使能位的处理等细节内容要查找器件手册。软件上对这些寄存器位内容处理不当，也会引起中断异常。

5.5.2　中断响应和向量表

F28335 的中断响应过程与 2.4.3 节介绍的类似。复位后会初始化寄存器并禁用所有可屏蔽中断。应用系统一旦要使用中断，软、硬件上就必须处理好相关中断的内容，其中软件对中断向量表的合理处理是非常重要的内容之一。

F28335 的中断向量表比 8051 复杂很多。可以被影射到 M1、M0、BROM、PIE 共 4 个存储器区域，由 VMAP、M0M1MAP、ENPIE 状态位确定。

VMAP：状态寄存器 1(ST1.bit3)，器件复位后置 1，可向该位写值或用 SETC/CLRC VMAP 指令修改其值。正常操作下保留此位为 1。

M0M1MAP：ST1.bit11，复位后置 1，可向该位写值或用 SETC/CLRC M0M1MAP 指令修改其值。

ENPIE：PIECTRL 寄存器第 0 位，复位后为 0(PIE 禁止)，写 PIECTRL 修改其值。

器件手册给出了图 5.5.4 所示的对应关系。可见器件上电复位时，各状态位使向量表处于 Boot ROM 模块的 BROM 向量表，禁止 PIE 向量表。

Vector MAPS	Vectors Fetched From	Address Range	VMAP	M0M1MAP	ENPIE
M1 Vector[1]	M1 SARAM Block	0x000000 - 0x00003F	0	0	X
M0 Vector[1]	M0 SARAM Block	0x000000 - 0x00003F	0	1	X
BROM Vector	Boot ROM Block	0x3FFFC0 - 0x3FFFFF	1	X	0
PIE Vector	PIE Block	0x000D00 - 0x000DFF	1	X	1

[1]　Vector map M0 and M1 Vector is a reserved mode only. On the 28x devices these are used as SARAM.

图 5.5.4　中断向量表映射关系

Boot ROM 中断向量入口在 0x3F FFC0，由器件手册可见该单元存储了两个字的 Boot Code 入口地址内容 0x3F F9CE，PC 更新为该地址将程序引导到 BootLoder 的 Boot Code 程序，复位完成后，需要由用户程序使能 PIE 中断向量表的映射关系。图 5.5.5 是 PIE 中断向量表，图 5.5.6 是器件手册资料论述的上电过程和向量表映射流程。当然，在执行程序前，需要处理好对应的向量入口。

Vector name	PIE vector address	PIE vector Description
not used	0x00 0D00	Reset vector (never fetched here)
INT1	0x00 0D02	INT1 re-mapped to PIE group below
......	......	...... re-mapped to PIE group below
INT12	0x00 0D18	INT12 re-mapped to PIE group below
INT13	0x00 0D1A	XINT13 Interrupt or CPU Timer 1 (RTOS)
INT14	0x00 0D1C	CPU Timer 2 (RTOS)
DATALOG	0x00 0D1D	CPU Data logging Interrupt
......	......	......
USER12	0x00 0D3E	User-defined Trap
INT1.1	0x00 0D40	PIEINT1.1 Interrupt Vector
......	......	......
INT1.8	0x00 0D4E	PIEINT1.8 Interrupt Vector
......	......	......
INT12.1	0x00 0DF0	PIEINT12.1 Interrupt Vector
......	......	......
INT12.8	0x00 0DFE	PIEINT12.8 Interrupt Vector

图 5.5.5　PIE 中断向量表

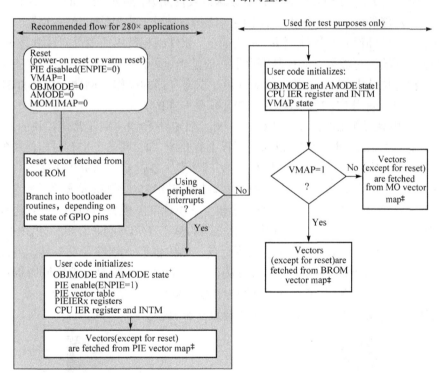

+ The compatibility operating mode of the 28x CPU is determined by a combination of the OBJMODE and AMODE bits in Status Register 1(ST1)

Operating Mode	OBJMODE	AMODE	
C28x Mode	1	0	
24x/240x Source-Compatible	1	1	
C27x Object-Compatible	0	0	(Default at reset)

‡ The reset vector is always fetched from the boot ROM

图 5.5.6　复位及 PIE 向量表映射流程图

中断的有关详细信息查找器件手册。

学生对F28335
中断过程总结

F28335中断
流程及PIE向量表

5.6 F28335 的片内外设及实验

TI 公司的各种处理器基本都有多种开发平台提供给学习者。Peripheral Explorer Kit (TMDSCNCD 28335PGF R1.0)开发板集成了许多配套的硬件资源，与 F28335 控制板配合使得学习 DSP 的用户可以方便地针对具体功能模块展开实验。而且该开发板集成了 USB 仿真器，用户不需要购置额外的带有 JTAG 接口的仿真器，只需要一台计算机、一条 USB 数据线和 TI 提供的 Peripheral Explorer Kit 即可入手与 F28335 相关的具体实验，使得用户可以简单方便地对 F28335 进行烧写和调试。

正如本书2.1节中介绍的，片内外设的原理以及使用方法都是类似的，只要在一种 MCU 中使用过同样功能的外设，其他 MCU 中的用法基本一致。片内外设硬件连线上比 CPU 控制一个独立芯片的外设芯片连线更少，更为简单。软件编程基本上就是对片内外设的控制、状态和数据寄存器读写数据，写控制寄存器一般是确定外设的工作方式，CPU 查询外设状态位或通过状态位请求 CPU 中断进行对外设数据寄存器的操作。例如，用过 8051 的异步串行通信接口的，使用 F28335 的 SCI 方法几乎是一样的。

F28335 片内集成了 SPI、SCI、I^2C、PWM、ADC 等模块，对于常用模块的原理在 4.8 节、6.4 节以及之前的"数字电子技术"课程中有介绍，TI 网站上也有对应模块的数据手册，这些内容不是本书的重点，需要使用时查阅手册。在此给出研究生王骏逸、马达、叶严森等在学习"DSP 技术及其应用"课程时总结的 F28335 资料供大家学习参考。课程总结或实验报告要求学生采用"西安交通大学硕士学位论文"模板书写，以便熟悉模板并提高使用 Word 写论文的能力。学生在模板上总结的基于 TMDSCNCD28335PGF R1.0 平台的 F28335 学习经验介绍了 F28335 的主要特点、结构框架、软件开发工具、各片内外设原理及使用例程、遇到的问题以及解决方法、查找资料的经验等。他们同时提供了基于 TMDSCNCD28335PGF R1.0 平台的 F28335 学习经验交流。

TI 网站上提供的一些相关 DSP 学习资料也非常有益。

基于TMDSCNCD28335PGF R1.0平台
的F28335学习经验总结

F28335学习经验交流

TI大学计划数据转换原理
(AD&DA)与设计总结手册

TI大学计划模拟产品选型、
原理、设计等基础知识手册

思考与习题

5.1 画出 F28335 PGF Control CARD 实验平台的硬件最小系统各模块的原理图。查找器件手册，分析复位电路的有效复位时间能否满足处理器复位的要求。

5.2 说明 F28335 的存储器配置情况以及程序如何引导，说明应用程序一般存放在哪里。

5.3 查看 F28335 器件手册，程序存储在片内 SRAM 中可以全速运行(以 CPU 最高运行时钟频率 150MHz)，查看资料并试验，如果应用程序存储在 Flash 中运行速度如何？如果不能以最高速度运行，如何在上电时将程序导入 SRAM？

5.4 说明 DSP 编程环境中命令文件的作用。

5.5 中断是实时处理中必须用到的模块，利用定时器作为中断源编写一个包含中断的简单应用程序。

5.6 TMS320F28335 的频率可达 150MHz，CPU 采用 32 位定点并包含单精度浮点单元(FPU)。该芯片具有利于更高精度操作的增强型控制外设，即包含最多 18 路 PWM 输出端口，其中 6 路为高分辨平脉宽调制模块(HRPWM)，6 路为 32 位的事件捕捉输入端口 eCAP；包含两路为 32 位的正交编码器通道 eQEP。芯片内部集成了 12 位的两个 8 通道的 ADC，高通道的转换时间可达 80ns。该芯片还引入了 6 路直接存储器模块(DMA)，在不需要 CPU 仲裁的情况下为外设和内存之间传递数据提供了一种硬件方法；具有高达 88 个可编程的通用输入/输出(GPIO)引脚，有最多 4 种可选工作模式。另外还包含了提高通信功能的两个 eCAN 通信模块，1 个 SCI 模块，1 个 SPI 模块，两个可设置为 SPI 的 McBSP 模块等。参考本书资料以及 TI 网站上提供的器件手册以及应用工程实例，分别编写程序控制 TMS320F28335 中的每个功能模块。

第 6 章　MSP430 微控制器

MSP430 系列单片机是美国德州仪器(TI)1996 年开始推向市场的一种 16 位超低功耗、具有精简指令集(RISC)且仅采用 27 条简单易懂的指令、7 种寻址模式、I/O 与存储器统一编址的混合信号处理器(Mixed Signal Processor，MSP)。它能在 25MHz 晶体的驱动下，实现 16 位的数据传送、40ns 的指令周期以及多功能的硬件乘法器(能实现乘加运算)相配合，可快速实现数字信号处理算法(如 FFT 等)。MSP430 单片机在降低芯片的电源电压的同时，还具有独特的时钟和电源管理系统，有灵活可控的多种低功耗运行模式，且可即时唤醒，低功耗模式通过指令控制时钟系统关闭 CPU 以及各功能所需的时钟，从而实现对总体功耗的控制，在 RAM 保持模式下，功耗最低可达 0.1μA。数控振荡器 (DCO)可在 3μs 的典型值内实现从低功率模式唤醒至激活模式。MSP430 片内集成了众多的高性能模拟外设、数字外设以及多种存储器(包括 FRAM)，许多外设都可以执行自主型操作，因而大幅度地减轻了 CPU 的工作量。将 MSP430 单片机称为混合信号处理器，正是由于其针对实际应用需求，将多个不同功能的模拟电路、数字电路模块和微处理器集成在一个芯片上，而且具有卓越的高集成度，以提供"单片机"解决方案。超低功耗使该系列单片机多应用于需要电池供电的便携式仪器仪表中，也是延长电池寿命的最优选择。

6.1　MSP430 的结构和特点概述

TI 根据片内集成的存储器种类和容量、片内集成外设或者应用领域的不同，推出了 MSP430F1x、MSP430F2x/4x、MSP430F5x/6x、MSP430FRxx FRAM、MSP430G2x/i2x 等子系列产品。1996~2000 年初，先后还推出了 31x、32x、33x 等几个子系列。MSP 系列产品包括从 MSP 超值系列到高度集成嵌入式 FRAM 微控制器等超过 500 种器件。FRAM(铁电随机存取存储器，也称为 FeRAM 或 F-RAM)是一种集闪存和 SRAM 的最佳特性于一体的非易失性存储器，与闪存、EEPROM 和 SRAM 技术相比，FRAM 使用晶体偏振而非电荷存储保持状态，降低电压要求(最低达 1.5V)并实现高写入速度，高达每秒 2MB。FRAM 还具有防分裂能力，即写入/擦除周期中的功率损失不会造成数据损坏，还可以使用加密对数据进行保护。支持快速和低功耗写入，写入寿命可达 10^{15} 次，具有比闪存和 EEPROM 更不易受到攻击者攻击的代码和数据安全性，可抵抗辐射和电磁场，并且具有无可比拟的灵活性。FRAM 是实际应用中目前仅有的一种将程序存储器和数据存储器统一于一体的存储器，可以任意分配空间。这种存储器技术已问世数十年，也已应用到 MSP430 超低功耗 MCU 的 MSP430FRxx FRAM 子系列产品中。

MSP430 的结构如图 6.1.1 所示，MSP430 的 16 位 RISC CPU 采用冯·诺依曼结构将程序和数据存储空间统一编址，CPU 通过图中存储器地址总线(Memory Address Bus，MAB，

16/20/32 位)和存储器数据总线(Memory Data Bus，MDB，MSP430 为 16 位，MSP432 是 32 位)访问片内数据存储器、程序存储器和各种片内外设(Peripheral)，访问片内外设只用到 MDB 的 8 位。

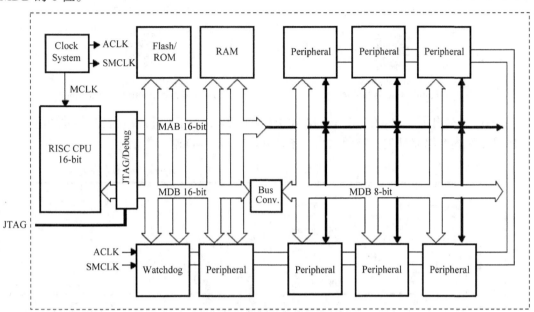

图 6.1.1　来自 TI MSP430 器件手册的结构框图

MSP430 系列单片机的各成员集成了较丰富的片内外设：看门狗、模拟比较器、多个定时器、多种串行接口、硬件乘法器、液晶驱动器、ADC、DMA、多个端口 1～6(P1～P6)等外围模块。F15x 和 F16x 系列的产品，不仅将 RAM 容量大大增加，如 F1611 的 RAM 容量增加到了 10KB，还增加了 SVS(Supply Voltage Supervisor)模块。其中，P0、P1 和 P2 端口能够接收外部上升沿或下降沿的中断输入，12/14 位 A/D 转换器有较高的转换速率，最高可达 1MSPS，能够满足大多数数据采集应用。能直接驱动液晶多达 160 段。I^2C 串行总线接口可以实现存储器串行扩展。DMA 提高了数据传输速度。MSP430 系列单片机的这些片内外设为系统的单片解决方案提供了极大的方便。

MSP430 的特点、各子系列产品器件手册等详细内容可扫描二维码查看。

MSP430™超低
功耗微控制器手册

MSP430x1xx
Family User's Guide

MSP430G2x53、
MSP430G2x13 Mixed Signal
Microcontroller datasheet (Rev. J)

MSP430G2x53、
MSP430G2x13混合信号
微控制器数据表(Rev. G)

MSP430x2xx
Family User's Guide

MSP430x3xx
Family User's Guide

MSP430x4xx
Family User's Guide

MSP430x5xx and
MSP430x6xx Family User's Guide

图 6.1.2 给出了 MSP430F673xA 和 MSP430F672xA 系列采用 PN 封装的器件功能框图，由图可见片内存储器种类及空间大小、各种外设资源、I/O 端口等信息。

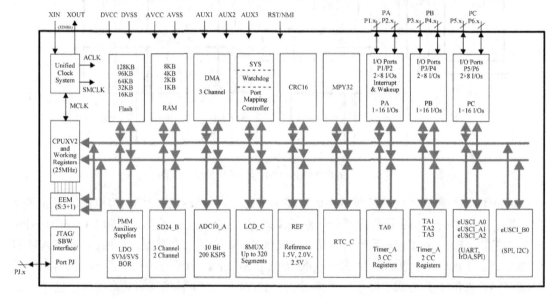

图 6.1.2　MSP430F673xAIPN 和 MSP430F672xAIPN 的功能框图

包含一个具有 3 个捕获/比较寄存器的 16 位定时器 TA0；3 个 16 位定时器 TA1、TA2 和 TA3，每个定时器具有两个捕获/比较寄存器；具有晶振偏移校准和温度补偿功能的受密码保护的 RTC；3 个具有差分可编程增益放大器(PGA)输入的 24 位 Σ-Δ 模数转换器(ADC)；10 位 200KSPS ADC 有内部基准、采样和保持、自动扫描特性，多达 6 个外部通道和两个内部通道，包括温度传感器；具有 8 路复用模式下高达 320 段对比度控制的集成 LCD 驱动器；硬件乘法器支持 32 位运算；3 通道内部直接内存访问(DMA)；采用 100 引脚和 80 引脚薄型方形扁平(LQFP)封装；串行板上编程，无须外部编程电压。具有增强型通用串行通信接口(eUSCI)：eUSCI_A0、eUSCI_A1、eUSCI_A2 和 eUSCI_B0，3 个 eUSCI_A 具有：①增强型通用异步收发器(UART)支持自动波特率检测；②IrDA 编码器和解码器；③同步串行外设接口(SPI)。eUSCI_B0 具有：①支持多个从器件寻址的 I^2C；②同步串行外设接口(SPI)。详细内容见器件手册。

与 8051 系列以及 TMS320C2000 系列产品相比，MSP 系列产品具有以下特点。

(1) 硬件乘法器。MSP 产品系列可在特定器件上提供了可以在 MCU 处于低功耗模式时使用的 16 位和 32 位硬件乘法模块。与优化的定点和浮点数学库结合使用时，MSP 的性能可以得到大幅提升。

(2) 安全性。MSP 产品系列可提供嵌入式安全系统，帮助客户防范、检测无意或恶意行为(包括 MCU 逆向工程)并对其作出响应。这些安全微控制器特性包括高级加密标准(AES)硬件加速器、IP 封装存储器保护、防篡改等。MSP430FR57x/59x/69x 系列集成了 FRAM，是嵌入式存储器的发展方向。FRAM 的优点以及上述加密特点可以链接 TI 网站了解有关如何保护器件、解决方案和服务等更多信息。

(3) 高分辨率定时器。新型 MSP4320F51X2 系列提供了两个专门为精细测量和控制应用而设计的高精度定时器以及 5V 耐压 I/O，非常适合与容性触摸、电机控制、LED 照明、电源管理等应用。每个 16 位定时器均集成了三个捕获及比较寄存器，并支持运行频率高达 256MHz(相当于 4ns 分辨率)的高分辨率模式。

(4) 电压监控。MSP430 具有电源管理模块(Power Management Module，PMM)，通过电源电压监测器(SVS)和电源电压监控器(SVM)可编程管理与器件电源及其监测相关的所有功能。电路如图 6.1.3 所示，电路为 MSP430 内核逻辑生成一个电源电压(V_{CORE})，并对输入电压(DV_{CC})和为内核生成的电压进行监测和监控。PMM 使用集成低压差电压稳压器(LDO)，通过初级内核电压(DV_{CC})生成次级内核电压(V_{CORE})。一般而言，V_{CORE} 为 CPU、存储器(闪存和 RAM)和数字模块供电，而 DV_{CC} 为 I/O 和所有模拟模块(包括振荡器)供电。V_{CORE} 输出是通过专用电压基准维持的。V_{CORE} 最多可在四个级别进行编程，以便针对为 CPU 选择的速度提供恰好合适的功率，这增强了系统的功效。

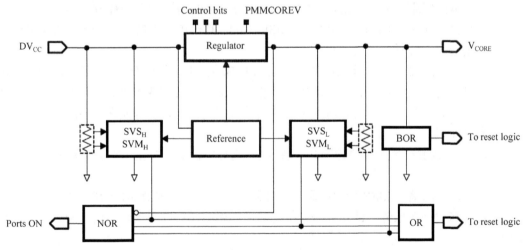

图 6.1.3　电源管理模块框图

电源管理模块的特性总结为：宽电源电压(DV_{CC})范围；最多能够在四个可编程级别为器件内核生成电压(V_{CORE})；通过电源电压监测器(SVS)和电源电压监控器(SVM)监视具有可编程阈值水平的 DV_{CC} 和 V_{CORE}；欠压复位(BOR)；可通过软件访问的电源故障指示灯；在发生电源故障期间进行 I/O 保护等。详细阅读器件手册，掌握这些特性。

(5) FRAM 和 CapTIvate™技术。MSP430FR2532/2632 和 MSP430FR2533/2633 采用 FRAM 和 CapTIvate™技术，是最抗噪的电容式触控 MCU，提供符合 IEC61000-4-6 认证的

解决方案以及可配置度最高的电容式按钮、滑块、滚轮和接近传感器组合，而这一切都是在全球最低功耗的基础上实现的。CapTIvate 设计中心提供 CapTIvate 技术工具、文档、设计指南和代码示例的一站式解决方案。开发人员无论具有什么水平的编程技能，都可以利用 CapTIvate 设计中心轻松创建电容式触控解决方案。

(6) 部分产品具有16位和24位 Sigma-Delta 转换器。这些转换器基于二阶过采样 Sigma-Delta 调制器和数字抽取滤波器。抽取滤波器是可选过采样率高达 256/1024 的梳型滤波器。额外的滤波可在软件中完成。

(7) 12 位数模转换器(DAC)。某些 MSP 产品具有 12 位电压型的 DAC，可配置为 8 位或 12 位模式，并可与 DMA 控制器结合使用。当存在多个 DAC12 模块时，可将它们编成一组以进行同步更新操作。

(8) 模拟比较器。支持精密斜坡模数转换、电源电压监测和外部模拟信号监控。该比较器的特性包括：反相和非反相终端输入多路复用器；可通过软件选择用于比较器输出的 RC 滤波器；向定时器捕获输入提供输出；通过软件控制端口输入缓冲器；中断功能；可选参考电压发生器；比较器和参考信号发生器可断电。

(9) 模拟池(A-POOL)。模数转换器(ADC)和数模转换器(DAC)是包含模拟和数字组件的复杂模块，某些类型采用补偿方法和自动置零(AZ)机制来消除误差源。先进的转换器提供了自动范围控制以及其他高级功能。A-POOL 完全不具备现成模块拥有的这些复杂功能，它提供了模拟初级功能和面向模拟的数字初级功能，这些功能通过软件加以组合即可用于构建复杂的模拟功能，如各种类型的 DAC、ADC 和 SVM。

(10) 跨阻放大器(TIA)。它是一种提供轨至轨输出的高性能低功耗放大器。它具有可编程功率模式，可满足不同的应用需要。MSP430FR231xMCU 支持用于 TIA 负输入的专用低泄漏焊盘，从而降低系统电流消耗。

(11) 运算放大器(OA)。支持模数转换之前的前端模拟信号调节。OA 是可配置、低电流、轨至轨的运算放大器。它可以配置成反相放大器或非反相放大器，也可以与其他 OA 模块组合形成差动放大器。可以对 OA 的输出转换率进行配置，以便在趋稳时间与功耗之间实现最佳平衡。

(12) 电容式触摸。所有 MSP430 支持电容式触摸，支持按钮、滑块、滚轮和近距离传感器。

(13) LCD 驱动器。MSP 系列产品采用各种具有集成分段式液晶显示器(LCD)控制器。这些控制器包含一个已针对低功耗进行优化的成熟内核，可以与代码示例和配套资料结合使用。

(14) 低耗能加速器(LEA)。MSP430FR5994MCU 系列中采用 TI 用于处理信号的唯一集成低耗能加速器(LEA)。加速器使开发人员能够使用基于矢量的信号处理功能来高效处理数据，如 FFT、FIR 和矩阵乘法以及其他数学运算。实施 LEA 仅需极少的数字信号处理(DSP)专业技能，因为 TI 提供免费的优化 DSP 库，且支持 50 多个数学功能和即插即用设计。开发人员打开 MSP430FR5994 LaunchPad™开发套件后即可开始处理复杂的数学算法。与采用 FRAM 的 MSP430FR5994 MCU 系列搭配使用的 LEA 使开发人员能够在计量、构建、工厂自动化设备、健康与健身设备等各类应用中处理信号。

(15) USB。MSP 低功耗+高性能的 MCU 产品系列可提供各种包含集成通用串行总线 (USB)和高达 512KB 闪存的器件。借助 USB 开发套件和 MSP430F5529 LaunchPad 等工具，可以轻松进行开发。TI 还提供了 USB 供应商 ID 共享计划来帮助推动开发进程。

(16) 无线连接和嵌入式射频。借助 MSP 广泛的微控制器产品系列，客户可以在各种物联网应用中革新和创建从高性能至超低功耗的各种设计。这些微控制器包含片上系统解决方案和软件，用于轻松与外部射频(RF)收发器进行配对。借助软件和 TI 参考设计，可顺利进行物联网设计。CC430 和 RF430 微控制器可提供业界功耗最低的单芯片射频产品系列。TI 提供了包括低于 1GHz、蓝牙智能、Wi-Fi®、NFC™在内与 TI 低功耗 MCU 配对的无线电模块。

(17) 直接存储器存取(DMA)。无须 CPU 干预，DMA 就可以控制外设和存储器之间的数据传输，是一种高速的数据传输操作，在大部分时间里，CPU 和数据传送处于并行操作状态，使 CPU 的效率大为提高。MSP 最多有高达 8 个独立的 DMA 通道，即使 CPU 处于低功耗模式，DMA 也可以实现外设与存储器之间的数据传送；每次传送只需要两个 MCLK 周期；可以进行字节、字或混合传送；传送的数据模块最多 65535 字节或字；通道的优先级和传送触发可以配置，可选择边沿或电平触发；有四种传送寻址模式。通过后续实验理解 DMA。

(18) 低功耗模式及唤醒。MSP 产品的很大一个特点是低功耗，很多 MCU 都具有可编程的多种级别的低功耗模式，MSP 也不例外。何时进入低功耗模式是由用户软件设置的，低功耗模式是通过关闭外设模块的时钟、振荡源甚至禁止 CPU 工作等方式，达到降低功耗的目的，禁止工作的模块越多当然功耗就越低，对应的唤醒或激活 CPU 的中断源也就越少。例如，MSP 的 LPM4 低功耗模式，在振荡器关闭模式期间，处理机的所有部件停止工作，此时电流消耗最小。但只有在系统上电电路检测到低点电平或任一外部中断事件才会唤醒 CPU 重新工作，所有 MCU 片内资源都不能够唤醒这一低功耗模式。因此在设计上应含有可能需要用到的外部中断才采用这种模式。详细内容请查阅器件手册并试验测量不同低功耗模式的功耗大小及唤醒方式。

6.2　MSP430 的实验平台简介

TI 为用户提供了一大批学习 MSP430 的硬件开发工具，从售价几美元的 LaunchPad (MSP-EXP430G2)等低成本开发套件到高集成度的专用平台等一应俱全。MSP430 开发套件是精心组合在一起的，旨在确保一种"开箱即用"式的体验，从而使用户只需短短几分钟就能完成"Hello World"基本程序设计。除了各种各样来自 TI 的开发工具、应用实例、算法库等资料，TI 还提供第三方解决方案，使得现在的学生学习 TI 处理器非常方便。因为拥有如此多种多样、低廉、方便、应用实例等资源可以共享的学习平台，也使得学生在微处理器课程学习中更少有机会设计和制作硬件电路板。因此，学生在使用实验平台时，一定要先搞清楚实验平台的硬件原理和资源，充分了解硬件平台才能更好地使用平台。所有 MSP 微控制器均受多种软件和硬件开发工具的支持，相关工具由 TI 以及多家第三方供应商提供。LaunchPad 是 TI 公司制作的一种低成本且容易使用的微控制器开发平台。

6.2.1 MSP-EXP430G2 LaunchPad

MSP-EXP430G2 LaunchPad 开发套件是适用于低功耗和低成本 MSP430G2x MCU 的易用型微控制器开发板。它具有用于编程和调试的板载仿真功能，并采用 14/20 引脚 DIP 插座(支持所有采用 DIP14 或 DIP20 封装的 MSP430G2xx 和 MSP430F20xx 器件)、板载按钮和 LED 以及 BoosterPack 插件模块引脚，这些 BoosterPack 插件模块引脚支持在 LaunchPad 上扩展多种多样的模块化插件，像搭积木一样在 LaunchPad 上增加无线、电容式触控、显示等功能。相关信息可以在 T1 网站搜索 BoosterPark。

MSP-EXP430G2 可使用 IAR Embedded Workbench™集成开发环境(IDE)或者 Code Composer Studio™(CCS)IDE，基于 USB 的集成型仿真器可直接连接至 PC 实现轻松编程、调试和评估。此外，它还提供了从 MSP430G2xx 器件到主机 PC 或相连目标板的 9600 波特率 UART 串行连接。调试器是非侵入式的，这使用户能够借助可用的硬件断点和单步操作全速运行应用，而不耗用任何其他硬件资源。

梁阳同学总结的 MSP-EXP430G2 LaunchPad 实验平台资料，简洁明了。

MSP-EXP430G2
LaunchPad硬件原理(PPT)

MSP-EXP430G2
LaunchPad 硬件原理(DOC)

TI 网站上也提供了 MSP-EXP430G2 LaunchPad 的详细内容(包括实验板原理图)以及应用资料，也可以扫描下面二维码查看。

MSP-EXP430G2 LaunchPad
试验板用户指南(Rev. C)

MSP-EXP430G2 LaunchPad™
Development Kit User's Guide最新英文版

MSP-EXP430G2
LaunchPad Quick Start Guide

MSP-EXP430G2_
Schematic+Silkscreen

使用 MSP430G2452 微控制器的
LaunchPad Value Line 开发包实现
基于心电图的心率监测(Rev. A)

RFID BoosterPack TRF7970ABP
With MSP430G2 LaunchPad (PPT)

查看上述资料,说明 MSP-EXP430G2 LaunchPad 原理图中使用的是哪一型号的 MSP430 控制器？分析硬件最小系统各个模块的原理图。

LaunchPad 还有不断成长的 BoosterPack，BoosterPack 是用于 LaunchPad 开发套件的插件模块，其可支持包括无线、电容式触摸、LED 照明及其他应用在内的附加功能。每个 BoosterPack 包括硬件、文档和一款含有一个演示应用的预编程 MSP430 Value Line 器件。

6.2.2　LaunchPad G2 口袋实验平台

由于 MSP-EXP430G2 LaunchPad 平台上自带的硬件资源较少，而 MSP430G2553 集成了 ADC、定时器、比较器、SPI、I²C、UART 等丰富的片内外设，为了方便学生学习使用这些外设，TI 中国大学计划部与高校及企业合作设计开发了一套全功能迷你扩展板——LaunchPad G2 口袋实验平台(MSP430 G2 PCCKET LAB KIT)，该平台在与 LaunchPad 同等大小的 PCB 上，集成了多款 TI 模拟和数字器件来提供声、光、电相结合的实验，集学习性与趣味性于一体。不仅可以学习到 MSP430 的所有外设，还可以学习基本的模拟知识和系统设计方法。

LaunchPad G2 口袋实验平台(MSP430 G2 PCCKET LAB KIT)，可以不借助其他测试仪器实现对 MSP430 微控制器内部资源和片内外设的学习与实验，个别实验使用了示波器。在杭州艾研信息官方网站 www.hpati.com 上，可以下载与 MSP430 G2 PCCKET LAB KIT 对应的"MSP430 口袋实验套件 AY-G2PL KIT"用户手册、原理图以及包含 MSP430 G2 PCCKET LAB KIT 包装盒背面列出的全部实验的例程"AY-G2 PL KIT_例程.rar"，该压缩文件包中包含了不同 CCS 版本下的全部工程文件,这些例程包括了 MSP-EXP430G2 LaunchPad 中配套的 MSP430G2553 全部的片内外设实验以及 3 个综合性实验。

为方便大家的自学，傅强和杨艳两位老师付出了极大的心血和努力，历经一年，在北京航空航天大学出版社出版了与口袋实验平台配套的书籍——《从零开启大学生电子设计之路——基于 MSP430 LaunchPad 口袋实验平台》，包含了口袋实验平台的参考例程、PPT 以及实验教学视频等方便学生学习和实验的资料。这些资料在 TI 中国大学计划网站上(http://www. deyisupport.com/universityprogram/default.aspx)的"文件中心"栏目中，供老师和学生下载、学习。在此，对两位老师给大家提供全面丰富的学习资源表示衷心的感谢！

LaunchPad G2 口袋实验扩展平台上有 LCD，要求实验之前首先要查找液晶显示原理，掌握 LaunchPad G2 口袋实验平台上 128 段式液晶驱动 HT1621 控制方式、HT1621 与 LCD 的连线图，并熟悉在艾研信息网站下载的 LCD 自检程序，并进行实验。

LCD显示自检

MSP430 的开发工具 CCS 的下载安装及使用见 3.6 节。

6.3　MSP430 时钟模块结构与实验

时钟是微控制器非常重要的一部分，因此本节单独介绍 MSP430 的时钟。与 8051、AVR、TMS320C2000 等单片机相比，MSP430 系列单片机的时钟电路要复杂很多，基础时钟主要由低频晶体振荡器、高频晶体振荡器、数字控制振荡器(DCO)、锁频环(FLL)及增强型锁相环(FLL+)等模块构成。不同系列器件包含的时钟模块可能有所不同，但时钟模块都输出 3 种时钟信号：①ACLK(Auxiliary Clock，辅助时钟信号)用于提供低速外设模块时钟；②MCLK(Master Clock，主时钟信号)主要用于提供 MCU 和相关系统模块时钟；③SMCLK(Sub-Main Clock，子系统时钟)一般提供高速外设时钟。MSP430 时钟模块一般包含多个时钟源。

(1) LFXT1CLK:低频/高频时钟源,可以是 32.768kHz 的晶体或外部低频时钟(LF 模式),

或者是 400kHz～16MHz 的晶体/晶振/外部时钟源(HF 模式)。

(2) XT2CLK：高频时钟源，频率范围支持 400kHz～16MHz，可以是晶体/晶振/外部时钟源。不是所有的 MSP430 芯片都支持。

(3) DCOCLK：内部数字控制的 RC 振荡器，频率稳定性差。所有 MSP430 都有。

(4) VLOCLK：内部低功耗、低频振荡器，典型频率值为 12kHz。所有 MSP430 芯片都有，使用方便，但精准性不是太高。

MSP430F2xx 系列的时钟模块如图 6.3.1 所示，由图可见，ACLK 的时钟源可以通过软件选择 LFXT1CLK 或者 VLOCLK 时钟源，并且通过软件确定进行 1、2、4 或 8 分频后提供给外设。MCLK 的时钟源可以选择 LFXT1CLK、VLOCLK、XT2CLK(如果片内可获得)或 DCOCLK 时钟源之一，并且通过软件确定进行 1、2、4 或 8 分频后提供给 CPU 和系统，

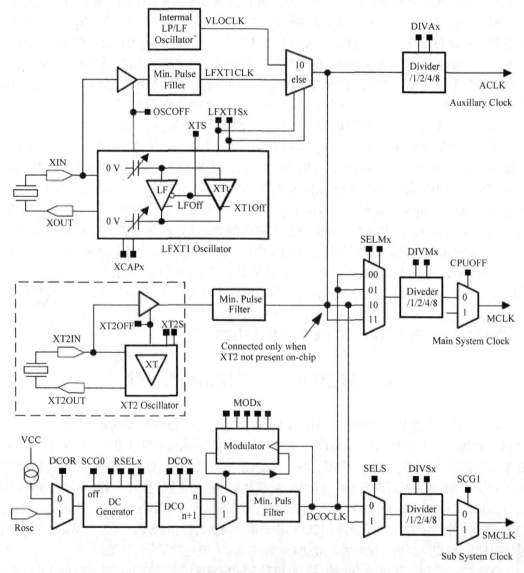

图 6.3.1　MSP430F2xx 基本时钟模块框图

也可以由 CPUOFF 位控制 2 选 1 多路选择器关断时钟。SMCLK 的时钟源可以选择 LFXT1CLK、VLOCLK、XT2CLK(如果片内可获得，如果不用 XT2CLK，可用控制位 XT2OFF 关闭三态门)或 DCOCLK，并且通过软件确定进行 1、2、4 或 8 分频后提供给外设模块，也可以由 SCG1 位控制 2 选 1 多路选择器关断时钟。

在系统 PUC(Power-Up Clear)之后，SMCLK 与 MCLK 默认以 DCO 作为时钟源，振荡频率在 1.1MHz 左右，ACLK 以 LFXT1CLK 作为时钟源，工作在 LF 模式下，内部有 6pF 的负载电容。

如果要改变时钟源或者其他状态制位，如 SCG0、SCG1、OSCOFF、CPUOFF 等信息，请查找器件手册中与时钟模块有关的寄存器 DCOCTL、BCSCTL1、BCSCTL2 和 BCSCTL3 等，并根据要求以及控制寄存器每位的含义进行编程修改。

参考下载的"AY-G2 PL KIT_例程.rar"中的时钟例程进行实验，实验平台上 MSP430 的时钟电路结构原理、寄存器、实验介绍等详见梁阳同学的总结。

MSP430G2553时钟(PPT)

MSP430G2553时钟(DOC)

6.4　MSP430 片内外设模块以及实验

不同 MCU 片内集成的模块各不相同，有很多基础模块的工作原理及应用在"数字电子技术"课程中都有介绍，如定时器、DAC、ADC 等，这些模块集成于 MCU 片内，其基本原理与之前学习的是一样的，使用时可以通过软件编程控制其工作，具体如何控制，需要详细查阅具体器件的数据手册和用户手册，编程控制寄存器的任何位都不能马虎大意。也有些 MCU 片内常用模块的原理在之前课程中没有接触过，以下分两种情况分别介绍。

6.4.1　基础模块及实验

多数微控制器内部都包含看门狗和定时器模块。

看门狗的核心电路也是一个定时器，软件正常工作时，用户软件需要在定时器溢出之前清除定时器，一旦程序跑飞无法正常清除看门狗定时器时，定时器溢出后会使系统回到复位状态，重启软件。MCU 片内除了看门狗定时器，一般还会有多个定时器，所有定时器都是可编程的，具有多种工作方式，一般具有计数、分频、定时的功能，与一些寄存器以及控制配合，还可以产生 PWM 波。定时器与捕获矩形波上下沿的电路配合，可以测量信号周期、频率、脉宽等参数，与正交编码电路配合可以测量电机转速等。

参考下载的"AY-G2 PL KIT_例程.rar"中的看门狗以及 PWM 例程进行实验。孙官华同学对相关内容进行了学习总结。

MSP430G2553看门狗
定时器及实验说明

MSP430G2553
定时器与捕获单元

MSP430G2553
定时器与PWM实验说明

贾培鑫同学结合 TI 官网内容总结了 GPIO、ADC、比较器、电容触摸按键相关结构原理以及实现。

与 MSP-EXP430G2 LaunchPad 配套的口袋实验平台上还包含了 DAC，相关 DAC 的详细内容及实验请扫描梁阳同学的总结。

GPIO及按键扫
描消抖实验说明

MSP430G2553内部
ADC原理及例程说明

比较器A+

电容触摸按键

DAC

6.4.2　同步 I^2C 模块

4.8.1 节介绍了串行通信的基本概念。现如今，在低端数字通信应用领域，随处可见 I^2C 或 IIC(Inter-Integrated Circuit)和 SPI(Serial Peripheral Interface)的身影，原因是这两种通信协议非常适合近距离低速芯片间通信。I^2C 和 SPI 都属于同步串行通信，即通信双方共用时钟，将提供时钟的设备称为主设备或者主器件。越来越多的 MCU 片内都集成有对应的接口，如果没有，也可以通过 GPIO 引脚由软件产生需要的时序信号与外围对应设备进行通信。MSP430 片内都集成了 I^2C 和 SPI 接口。

I^2C 总线由 Philips 公司开发于 1982 年，当时是为了给电视机内的 CPU 和外围芯片提供更简易的互连方式。电视机是最早的嵌入式系统之一，而最初的嵌入系统是使用内存映射(Memory-Mapped I/O)的方式来互连 CPU 和外围设备的，即对外围设备 I/O 端口的访问地址被映射到存储器空间，要实现内存映射，设备必须并联入 CPU 的数据总线和地址总线，这种方式在连接多个外设时需大量线路和额外地址解码芯片，很不方便并且成本高。为了节省微控制器的引脚和和额外的逻辑芯片，使印刷电路板更简单，成本更低，位于荷兰的 Philips 实验室开发了 "Inter-Integrated Circuit"，I^2C 总线是一种用于 IC 器件之间连接的双向二线制的总线协议，1 根是串行数据线 SDA(Serial Data)，1 根是串行时钟线 SCL(Serial Clock)，产生时钟信号的是主设备。由此可见，I^2C 无法实现全双工通信。但同一总线上可以连接多个设备，只要能够进行接收和发送的设备都可以成为主控制器，即 I^2C 可以有多个主控设备，当然多个主控不能同一时间工作。I^2C 通过应答来互通数据及命令。接口的协议里面包括设备地址信息，但是传输速率有限，最初的标准定义总线速度为 100Kbit/s，1995 年修订为 400Kbit/s，1998 年高达 3.4Mbit/s。

具有 I^2C 接口的器件一般没有片选控制引脚，所以 I^2C 总线在传送数据时必须由主器件产生通信的开始信号、结束信号、空闲信号、应答信号和总线数据有效传送，如图 6.4.1 所示，这些信号中，起始信号是必需的，结束信号和应答信号都可以不要。

开始信号：SCL 高电平时 SDA 由高到低的跳变，标志数据传输的开始。

结束信号：SCL 高电平时 SDA 由低向高的跳变，标志数据传输的结束。

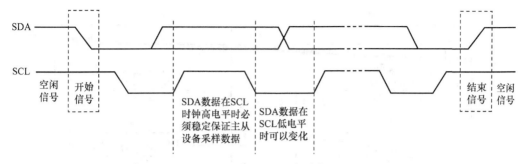

图 6.4.1 I²C 协议的各种信号

空闲信号：I²C 总线上设备都释放总线即发出传输停止后，总线由上拉电阻变成高电平，即 SDA 和 SCL 都是高电平。

总线数据的有效性：I²C 总线是单工，因此同一时刻数据只有一个流向，采样有效时钟也是单一的，是在 SCL 时钟的高电平采样 SDA 线的数据。SDA 数据在 SCL 时钟低电平是可以发生变化，但是在时钟高电平时必须稳定，以便主从设备可靠采样数据。

I²C 在物理实现上，SCL 线和 SDA 线都是漏极开路(Open-Drain)，使用时必须通过上拉电阻接到电压源。当把线路接地时，线路为逻辑 0，当释放线路，线路空闲时，线路为逻辑 1。如果有两个 I²C 设备同时向 SCL 线和 SDA 线发送信息，线路上不可能出现电平冲突现象，如果一个设备发送逻辑 0，其他发送逻辑 1，那么线路看到的只有逻辑 0。

总线数据传输顺序以及应答信号：I²C 总线上数据传输是高位(MSB)在前，LSB 在后。每次发到 SDA 上的数据必须是 8 位，并且主机发送 8 位后释放总线，从机收到数据后必须拉低 SDA 一个时钟，回应 ACK 表示数据接收成功。从机收到一字节数据后，如果需要一些时间处理或者从设备没办法跟上主设备的时钟速度，可以拉低 SCL，逼迫主设备进入等待状态，直到从设备释放时钟线，通信才继续。

在 MSP-EXP430G2 LaunchPad G2 口袋实验扩展平台上，有一个 TCA6416A 芯片，可以实现串-并转换，TCA6416A 可以扩展 16 个 IO 口，其中有 8 个 IO 用于控制口袋实验平台上的 LED1～LED8，4 个 IO 用于控制 4 个 KEY1～KEY4 机械按键，编写一个测试代码，通过 MSP430 的 I²C 接口控制 TCA6416A，使得 LED 灯间隔亮灭来表示 TCA6416A 上电初始化成功。

6.4.3 同步 SPI 模块

SPI 是同步全双工的串行通信总线，首次推出是在 1979 年，Motorola 公司将 SPI 总线集成在他们第一支改自 68000 微处理器的微控制器芯片上。多数微控制器内部都有 SPI 模块，SPI 总线有 4 个外部总线，与 I²C 不同，SPI 没有明文标准，只是一种事实标准，对通信操作的实现只进行一般的抽象描述，芯片厂商与驱动开发者通过器件的 data sheets 和 application notes 沟通实现的细节。具有 SPI 接口的主从设备的内部结构以及通信连线方式如图 6.4.2 所示，其核心是一个移位寄存器，完成数据的接收和发送，移位寄存器的位数在设备出厂时已经决定，目前多数是 8 位和 16 位。SPI 的 4 个信号含义如下。

CLK：串行时钟(Serial Clock)，由主设备输出，也叫 SCLK。

MOSI 或 SIMO：主设备输出从设备输入(Master Output Slave Input)。

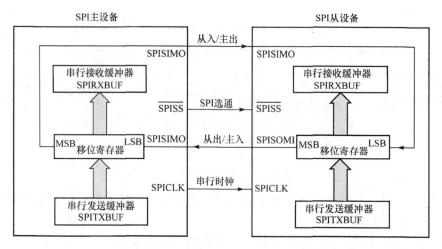

图 6.4.2　SPI 主从设备之间通信及连线方式

MISO 或 SOMI：主设备输入从设备输出(Master Input Slave Output)。

SS：从设备选通信号(Slave Select)，主设备输出，低电平激活从设备。

主设备提供串行网络的串行时钟 SPICLK，从设备由 SPICLK 引脚输入来自其他主模块的时钟信号。SPI 主设备可以在任何时候起动数据传送，因为它控制着时钟信号。主模块通过控制从设备的 SPISS 引脚为低电平来使能从设备开始数据的接收和发送。

由图 6.4.2 可见，无论是主设备还是从设备，其接收/发送移位寄存器从高位 MSB 端移出数据，从低位 LSB 移入数据。也就是说 SPI 由移位寄存器在一个 SPICLK 时钟周期完成 1 位数据的发送和接收，但发送和接收在 SPICLK 不同时刻进行。SPI 的移位寄存器具体在时钟脉冲 SPICLK 信号的哪一个状态移出数据，哪一个状态移入数据，两个参数确定了 SPI 有 4 种操作模式。

一个参数是时钟极性(Clock Polarity，记为 CPOL)，CPOL 用于定义时钟信号 SPICLK 在空闲状态下处于高电平还是低电平。SPICLK 时钟的空闲状态就是当 SPICLK 在发送若干比特数据之前和发送完之后的状态，即不进行通信时 SPICLK 的状态，与此对应，SPICLK 在发送数据的时候，就是正常的工作状态。CPOL=0，表示时钟空闲时候的电平是低电平，所以进入工作状态时 SPICLK 的第 1 个边沿应该是上沿，第 2 个边沿是下沿；CPOL=1，表示时钟空闲时候的电平是高电平，对应的工作状态的 SPICLK 第 1 个边沿应该是下沿。

另一个参数是时钟相位(Clock Phase，记为 CPHA)，CPHA 表示时钟从空闲状态到有效激活状态采样数据的第一个边沿是否有延时，0 代表无延时，1 代表有延时。如本书下面介绍的内容就采用了这种概念，TI 的 DSP 和 MCU 内部的 SPI 都采用了这种方式。也有认为 CPHA 是用来定义开始通信时的第一个数据(即 MSB)的采样或锁存时刻是在 SPICLK 的第几个边沿进行，为 1 代表在 SPICLK 工作时的第 2 个边沿采样，为 0 代表在第 1 个边沿采样。无论如何定义，最后的关键是要使双方 SPI 通信器件的时序和操作模式一致，即主从设备必须使用相同的 SPICLK、CPOL 和 CPHA 参数才能正常工作。主设备一般是可编程为 4 种 SPI 操作模式的微控制器，有些从设备的 SPI 操作模式可能只有简单一两种，那么就需要通过编程使主设备满足从设备的时序要求。如果有多个从设备，并且它们使用了不同的参数，那么主设备必须在读写不同从设备数据时重新配置这些参数。一般情况下，SPI 主从设备多数采用边沿发送和边沿采样数据，如在 SPISCK 的上升沿发送数据，下降沿接收。

CPOL 和 CPHA 控制着两个 SPI 设备间何时交换数据以及何时对接收到的数据进行采样，来保证数据在两个设备之间是同步传输的。SPI 操作方式如表 6.4.1 所示，操作模式波形如图 6.4.3 所示，图中 SPICLK 为对称时钟，即占空比为 50%。

表 6.4.1　SPI 的操作模式

时钟模式	CPOL	CPHA	SPI 传送操作说明
上升沿无延时	0	0	SPI 在 SPICLK 信号的上升沿发送数据，下降沿接收数据
上升沿有延时	0	1	SPI 在 SPICLK 信号的上升沿的前半个周期发送数据，上升沿接收数据
下降沿无延时	1	0	SPI 在 SPICLK 信号的下降沿发送数据，上升沿接收数据
下降沿有延时	1	1	SPI 在 SPICLK 信号的下降沿的前半个周期发送数据，下降沿接收数据

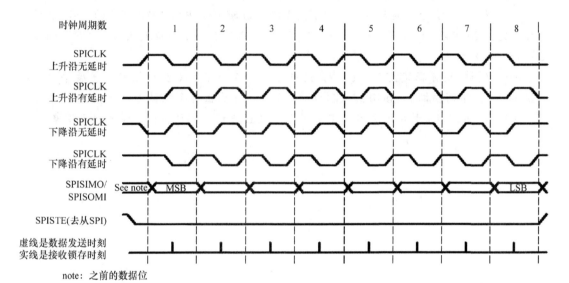

note：之前的数据位

图 6.4.3　SPI 的 4 种操作模式

由图 6.4.2 可见，无论 SPI 工作在主模式还是从模式，发送的数据都由移位寄存器的高位同步移出到输出引脚，而接收的数据都经接收输入引脚同步由移位寄存器的低位移入。因此，向移位寄存器和 SPITXBUF 写入发送数据时必须左对齐。从 SPIRXBUF 读回的数据是右对齐的。

与 SCI 不同，I^2C 总线和 SPI 总线数据传输都是高位 MSB 在前，LSB 在后。与 I^2C 不同，SPI 没有规定最大传输速率，一般的实现通信根据器件的具体要求确定，也没规定通信应答机制。

思考与习题

在熟悉了时钟和电源管理模块编程的基础上，详细阅读相关资料以及器件手册，完成以下实验。

6.1 熟悉 MSP430 的时钟电路结构，MSP430G2553 在上电之后默认的 CPU 时钟 MCLK 来自于 DCO 时钟。编写一个程序控制 TI 提供的 LaunchPad 上的两个 LED 交替闪烁，并用示波器观察时钟信号参数与理论是否一致。

6.2 熟悉 MSP430 的 GPIO 结构以及中断系统，利用中断方式处理按键输入。

6.3 利用 MSP 集成的模拟比较器，设计一个实验。

6.4 查阅 MSP-EXP430G2 扩展板-LaunchPad G2 口袋实验平台上 LCD 驱动芯片 HT1621 与 LCD 的工作原理及硬件接口电路，下载对应的 LCD 开机自检工程文件，掌握 LCD 的控制方法。

6.5 查阅 MSP 内部集成的温度传感器的相关资料，利用温度传感器，将测得的环境温度模拟量信号由 ADC 转换为数字量信号，并通过 LCD 显示出来。

6.6 了解电容触摸按键原理，并编程扫描电容触摸按键。

6.7 利用 MSP430G2553 LaunchPad 配套的 LaunchPad G2 口袋实验平台上的 DAC 芯片 DAC8411，与 MSP430G2553 配合实现任意波形发生器。

6.8 参考 4.8.2 节，实现 MSP430G2553 内部的 SCI(UART)接口与 PC 的 RS-232 进行通信，完成 MSP430 的编程工作，上位机(即 PC)可以下载一个串口调试助手，设置通信参数并进行收发数据。

6.9 通过 MSP430G2553 的 I^2C 接口控制 LaunchPad G2 口袋实验扩展平台上的 TCA6416A，编写扫描 LaunchPad G2 口袋实验扩展平台上 4 个机械按键并在 LCD 显示对应的 KEY1～KEY4，利用计数器、中断逻辑、LCD 直观地测试机械按键的抖动现象。

第7章 TI基于ARM核的微控制器MSP432

随着微电子技术和计算机技术的发展，微控制器已从20世纪80年代的8位机独大，发展到了今天的8位、16位和32位并存的局面。当前，微控制器的种类繁多，全世界已有几十家微控制器生产厂家，几乎每周都有新的芯片问世。这些厂家有些是完全靠自身研发生产属于自己的微控制器，有些则是购买其他公司的处理器核，然后根据市场需求，在片上再集成其他的功能部件，生产出各具特色的微控制器。

TI在16位MSP430 MCU超低功耗之后，又隆重推出了基于ARM Cortex-M4F内核的32位低功耗MCU产品MSP432。ARM(Advanced RISC Machines)公司是处理器核供应商中最具影响力的企业之一，专门从事基于精简指令集(Reduced Instruction Set Computing, RISC)技术芯片设计的研发。作为知识产权供应商，本身不直接从事芯片生产，主要靠转让设计许可由合作公司生产各具特色的芯片。世界各大半导体生产商从ARM公司购买其设计的ARM处理器核，根据各自不同的应用领域，再加入适当的外围电路，形成自己的ARM微控制器芯片进入市场。目前，Intel、IBM、LG、NEC、TI、Xilinx、Atmel等众多半导体公司与ARM签订有硬件技术使用许可协议。采用ARM技术知识产权(Intelligent Property，IP)核的微控制器，即我们通常所说的ARM微控制器，已遍布工业控制、消费类电子产品、通信系统、网络系统等各类产品市场。MSP432 MCU就是这样一款产品，支持多个实时操作系统(RTOS)选项，其中包括TI-RTOS，FreeRTOS和Micrium μC/OS。

7.1 MSP432的特点概述

MSP432集成DC/DC优化了高速运行时的功效，而集成的低压差线性稳压器(LDO)降低了总体系统成本和设计复杂度。此外，14位ADC在1MSPS时的流耗仅有375μA。MSP432 MCU包含一种独特的可选RAM保持特性，此特性能够为运行所需的8个RAM段中每一个段提供专用电源，由此每个段的功耗可以减少30nA，从而降低了总体系统功率。为了降低总体系统功耗，MSP432 MCU还可以在最低1.62V，最高3.7V的电压范围内全速运行。高级加密标准(AES)256硬件加密加速器使得开发人员能够保护器件和数据安全，而MSP432 MCU上的IP保护特性也可以确保数据和代码的安全性。作为TI持续发展的32位超低功率MSP MCU产品组合中的旗舰产品，MSP432 MCU将会把不断提高模拟集成度的水平以及高达2MB的闪存作为未来的发展方向。这些特性将带来更高的数据吞吐量、更加完整的高级算法以及更高分辨率的显示图像，而所有的这一切均可以在现有的功率预算中实现，可以进一步扩大MSP430在工业和楼宇自动化、工业传感、工业安防面板、物联网、资产追踪及消费类电子等超低功耗嵌入式领域的领先地位。

TI 32位MSP432 MCU平台还具有以下特性和优势。

(1) MSP430和MSP432产品组合之间的代码、寄存器以及低功耗外设之间的兼容性使得开发人员能够充分利用 16 位和 32 位器件间的现有代码和端口代码。

(2) EnergyTrace+™技术和 ULP Advisor 软件以±2%的精度实时监视功耗。

(3) 广泛且功率优化的 MSPWare™软件套件包括用于 16 位和 32 位 MSP MCU 的库、代码示例、文档和硬件工具，并且可通过 TI 的 Resource Explorer 或 Code Composer Studio™ (CCS) IDE 进行在线访问。此外，IAR Embedded WorkBench®与 ARM Keil® MDK IDEs 还能提供额外的支持。

(4) 开源 Energia 可支持 MSP432 LaunchPad 套件上的快速原型设计。通过轻松导入用于云连接、传感器、显示器等更多功能的库可直接利用针对快速固件开发的丰富代码库。

MSP432PR401R 的详细内容及编程请扫描相关二维码。

MSP432数据手册　　　　　MSP432用户手册　　　　　MSP432基于CCS的编程指导

7.2　MSP432 的实验平台简介及实验

借助 TI 的目标板(MSP-TS432PZ100)或支持板上仿真的低成本 LaunchPad 快速原型设计套件(MSP-EXP432P401R)即可开始评估 MSP432 MCU。开发人员可以通过包括低功耗 SimpleLink™ Wi-Fi®CC3100 BoosterPack 在内的全套可堆叠 BoosterPacks 来扩展 MSP432 LaunchPad 套件的评估功能。此外，TI 的云开发生态系统使得开发人员能够在网上便捷地访问产品、文档、软件以及集成的开发环境(IDE)，从而帮助学习者更快速地入门。

王涛和王毅(学号：3117306079)同学详细总结了 MSP432P401R 特点和总体结构、TI 提供的 MSP-EXP432P401R LaunchPad 实验平台 Rev 1.0 (Black)、CCS 软件开发工具、中断系统、电源管理、时钟配置、低功耗模式以及实验总结等，在 CCS 7.3 自带的 TI Resource Explorer 可以下载 MSP-EXP432P401R 的相关工程文件，也可在 http://dev.ti.com/tirex/#中进行下载。

MSP432P401R　　　　　MSP432P401R　　　　　MSP432P401R
学生总结报告　　　　　产品简介　　　　　硬件原理介绍

MSP432P401R　　　　　MSP432P401R　　　　　MSP432P401R存储器
时钟系统　　　　　电源模块　　　　　配置及中断介绍

MSP432P401R　　　　　MSP432P401R　　　　　工程
CCS7.3使用介绍　　　　　低功耗和唤醒　　　　　文件说明

王涛和王毅同学对 TI 网站和 CCS 7.3 中的工程文件进行了验证并做了实验说明。

TI 还提供了 MSP-EXP432P401R LaunchPad 的升级版本 Rev2.0 (Red)。

MSP432P401R SimpleLink™ Microcontroller LaunchPad™
Development Kit (MSP-EXP432P401R) User's Guide

MSP-EXP432P401R LaunchPad
BoosterPack connector

李雨果同学根据他自己以往学习过的多种微控制器的经验,对如何学习 MSP432 进行了总结介绍。

MSP432编程入门   时钟系统   中断系统

三种常用定时器   内存与上电启动

徐玉龙同学对 CCS 集成开发环境下的 EnergyTrace 代码分析工具做了介绍,该工具可以用来测量应用的能耗累计、实时电流大小、运行过程中各功耗模式占用的时间等信息,是帮助用户分析优化代码效率的有力工具。具体内容以及相关实验请扫描二维码。

EnergyTrace使用介
绍与低功耗模式比较

7.3   MDK-ARM

MDK-ARM 是 Keil 公司开发的基于 ARM 核的系列微控制器的嵌入式应用程序。Keil 公司开发的 ARM 开发工具 MDK,是用来开发基于 ARM 核的系列微控制器的嵌入式应用程序。它适合不同层次的开发者使用,包括专业的应用程序开发工程师和嵌入式软件开发的入门者。功能特点是:支持所有基于 ARM 的 Cortex-M、Cortex-R4、ARM7、ARM9 等系列器件;行业领先的 ARM C/C++编译工具链;μVision4 IDE 集成开发环境,调试器和仿真环境;确定的 Keil RTX,小封装实时操作系统(带源码);TCP/IP 网络套件提供多种的协议和各种应用;提供带标准驱动类的 USB 设备和 USB 主机栈;为带图形用户接口的嵌入式系统提供了完善的 GUI 库支持;ULINKpro 可实时分析运行中的应用程序,且能记录 Cortex-M 指令的每一次执行;执行分析工具和性能分析器可使程序得到最优化;大量的项目例程帮助你快速熟悉 MDK-ARM 强大的内置特征;符合 CMSIS (Cortex 微控制器软件接口标准)等。

如何在 MSP-EXP432P401R LaunchPad 平台使用 ARM® Keil® RTX 的说明以及工程文件可在 http://www.keil.com/appnotes/docs/apnt_276.asp 网站下载,应用说明也可扫描二维码。

Texas Instruments MSP432:
Cortex™-M4 Tutorial Using
the MSP432P401R LaunchPad
Board and ARM Keil MDK 5 Toolkit

现如今，学习微控制器的环境越来越好。本书以及各位同学给出的方法只是一种途径，也是作者个人认为比较好的经验，希望读者能通过这种训练方法，提升自身的技能，并总结出适合自己的微控制器软、硬件设计方法。

思考与习题

7.1 在 MSP432P401R 和 CCS 环境下，验证 TI 官网上的工程文件，并根据自己对相应模块的理解，设计和实践一些综合性实验内容。

参 考 文 献

宁改娣，杨爽，金印彬，等. 2015. "数字电子技术"与微处理器系列课程融合优化的探索. 第二届(2015)年全国高校电气类专业教学改革研讨会.

杨拴科，宁改娣. 2001. 《数字电路》与《微机原理》课程整合之我见. 华北航天工业学院学报, (S1): 128-129.

Kleitz W. 2004. 数字与微处理器基础：理论与应用. 4 版. 张太镒，李争，顾梅花，等译. 北京：电子工业出版社.

http: //www. ti. com/product/TMS320F28335/technicaldocuments.

http: //www. ti. com. cn/tool/cn/msp-exp430g2.

http: //www. ti. com. cn/lsds/ti_zh/microcontrollers-16-bit-32-bit/msp/overview. page.

http: //www. eclipse. org.

http: //www. ti. com/product/msp432p401r/datasheet.

http: //www. hpati. com/ay_scm_pack/product_33. html.

http: //www. ti. com/product/msp432p401m/datasheet.